Zahner | Wimmer – Spechte & Co.

Volker Zahner

Norbert Wimmer

Spechte & Co.

Sympathische Hüter heimischer Wälder

AULA-Verlag Wiebelsheim

Prof. Dr. Volker Zahner
Zur Hochstatt 10
D-85391 Allershausen

Norbert Wimmer
Biberbach 4
D-96264 Altenkunstadt

Bibliografische Information der Deutschen Nationalbibliothek
Die Deutsche Nationalbibliothek verzeichnet diese Publikation in der Deutschen Nationalbibliografie; detaillierte bibliografische Daten sind im Internet über http://dnb.d-nb.de abrufbar.

2., aktualisierte und verbesserte Auflage

www.aula-verlag.de

Umschlagabbildungen: N. Wimmer, S. Klaus
Druck und Verarbeitung: Belvédère Print & Packaging b.v., Niederlande
Printed in Europe/Imprimé en Europe
ISBN 978-3-89104-847-4

Inhaltsverzeichnis

Vorwort

Seitdem unser erstes Buch über Spechte vor über zehn Jahren erschienen ist, wurde eine ganze Reihe neuer Erkenntnisse sowohl in der Spechtforschung als auch im Bereich der Waldökologie gewonnen. Dass „Spechte – ein Leben in der Vertikalen" bereits fünf Jahre nach seinem Erscheinen vergriffen war, hat uns ermutigt, eine Neufassung in Angriff zu nehmen, zumal das Interesse der Öffentlichkeit für den Wald und seine Bewohner in der jüngsten Vergangenheit noch deutlich zugenommen hat.

Die Idee des Buches ist daher, sich dem Wald aus der Perspektive der Spechte und ihrer Folgenutzer zu nähern. Spechte haben eine Schlüsselrolle im Ökosystem Wald. Sie gestalten aktiv Mikrohabitate in Form von Bruthöhlen und als Kleinststrukturen im Zuge der Nahrungssuche. Zudem gibt es mannigfaltige Wechselbeziehungen, nicht nur zu anderen Tierarten, sondern auch zu Bäumen und Pilzen. Noch dazu sind sie gut zu beobachten und kommen nahezu in jedem Wald vor. Dies macht sie zu idealen Sympathieträgern, mit denen sich ökologische Zusammenhänge, aber auch das Interesse und die Belange des Naturschutzes im Wald gut vermitteln lassen.

Wir kommen jedenfalls nicht mehr von diesen faszinierenden Waldvögeln mit ihrem komplexen Verhalten los. Jedes Jahr im zeitigen Frühjahr, lange bevor die Singvögel ihr Konzert beginnen, versuchen wir bereits die ersten Trommler in den Baumkronen zu entdecken und sind fasziniert von ihren Balzflügen und Rufen. Jedes Jahr aufs Neue gibt es viele spannende Fragen: Wo entstehen neue Höhlen? Welche Folgebesiedler werden wohl die restlichen Höhlen besiedeln, welche Höhlenbäume sind nach Jahrzehnten zusammengebrochen? Wo findet man ihre Hackspuren nach dem Winter?

Wenn diese „nichtendende und unstillbare Neugier auf die Natur", wie es der amerikanische Wildbiologe George B. Schaller einmal ausgedrückt hat, auch auf den Leser überspringen würde, wäre uns das eine große Freude.

Volker Zahner, Norbert Wimmer

Mithilfe der QR-Codes in den Artenporträts lassen sich die Rufe, das Trommeln etc. mit einem Smartphone oder Tablet-PC abspielen.

Die Tondateien lassen sich ebenfalls unter www.aula-verlag.de/downloads separat herunterladen.

Danksagung

Die Autoren bedanken sich herzlich für die Durchsicht des Mittelspechtkapitels bei PD Dr. Gilberto Pasinelli. Für die Diskussion von fachlichen Fragen bei Luis Sikora. Für das Bereitstellen von wichtigen Fotos, die zum Teil aus riesigen Archiven herausgesucht werden mussten, danken wir herzlichst: Ambros Aichhorn, Han Bouwmeester, Roman Bühler, Michaela Fedili, Phil Hauck, Rolf Hennes, Jan Hochstein, Dr. Siegfried Klaus, Dr. J. M. Pantaleón, Luis Sikora, Rainer Simonis, Harald Süpfle, Dr. Jo Weiss. Prof Dr. Hans-Heiner Bergmann stellte freundlicherweise die Tondokumente in den Artkapiteln zur Verfügung. Ganz herzlich danken wir auch Georg Grothe vom AULA-Verlag für die gute Zusammenarbeit. Herzlicher Dank gilt auch allen Studierenden, die sich über viele Jahre mit großem Engagement in die Spechthöhlenforschung eingebracht haben.

Wälder und ihre Spechte

Bäume stellen alles in den Schatten. Im Gegensatz zu den meisten Kräutern und Gräsern können sie dank ihrer Stämme die Blattmasse hoch über den Boden heben.

Bis zu 60 m können so Bäume in Mitteleuropa hoch werden, in Nordamerika erreichen Küstenmammutbäumen sogar über 110 m. Somit sind sie die höchsten Lebewesen, die es je auf der Erde gab.

Der Siegeszug der Bäume begann vor rund 300 Millionen Jahren zum Ende des Karbons. Dass dies physikalisch möglich war, liegt an dem Baustoff Lignin. Ähnlich dem Beton, der ein Stahlgerüst versteift, lagert sich dieses Polymer an der Zellwand ab. Zusammen mit der Zellulose ist es ein Hauptbestandteil von Holz.

Aus diesem Grundbaustoff bestehen nicht nur Stamm und Äste, sondern auch die Wurzeln. Ihre stabile Verankerung im Boden ist Voraussetzung für die Bildung der gewaltigen, oft viele Tonnen schweren Stämme. Durch diesen Stamm bestimmen Bäume das Lichtregime, die Temperatur und das Kleinklima unter sich. Damit bilden Bäume Wälder aus und formen mit ihnen ganze Land-

Wälder prägen auch über ihren Wasserhaushalt ganze Landschaften.

schaften. Sie erschließen Wasserreservoirs in tiefen Bodenschichten und verdunsten über die gigantische Blattoberfläche (bis zu 27 Quadratmeter Blattfläche pro Quadratmeter Standfläche) Tausende von Liter an jedem Tag. Damit prägen sie den Wasserhaushalt entscheidend mit und transportieren es in das sonst trockene Landesinnere, fernab von Küsten. So formen sie das Relief, erschaffen Flüsse und gestalten das Erscheinungsbild der Erde entscheidend mit.

Spechte nutzen den Stamm als Brut- und Nahrungsraum.

Mitteleuropa wäre ohne den Einfluss des Menschen weitgehend ein Waldland. Lediglich die besonders feuchten, trockenen oder steilen Lagen wären waldfrei. Die vorherrschende Baumart wäre die Buche. Je nach Standortbedingungen (Boden, Niederschlag und Temperatur) würden sich weitere Baumarten hinzugesellen und nur unter extremeren Bedingungen, wie häufige Überschwemmungen (Eiche, Esche) oder besonders trockene Bereiche (Eiche Kiefer), die Vorherrschaft übernehmen. Besonders häufig wäre die Tanne in den Mittelgebirgen die unmittelbare Begleiterin, da sie der Buche in puncto Schattenverträglichkeit trotzen kann. Ansonsten haben die anderen Baumarten nur dort eine Chance, wo die Buche zusammenbricht und damit eine Lücke mit Licht bietet oder wo der Buche das Klima zu rau wird. In den Hochlagen der Gebirge werden die Laubbäume von Nadelbäumen abgelöst und der Mittelspecht in den Eichenwäldern vom Weißrückenspecht der Bergmischwälder oder dem Dreizehenspecht der subalpinen Fichtenbestände.

Die seit einigen Dekaden diskutierte Megaherbivorentheorie zweifelt an, dass die Wälder durchgehend so geschlossen waren, wie wir sie heute kennen. Sie beleuchtet den Einfluss von Weidetieren wie Wisente, Auerochsen, Wildpferde, Rothirsche, Elche und Rehe auf die Wälder und Landschaften Mitteleuropas bis zum Erscheinen der ersten Neolithiker. Ihr zu Folge hat der Mensch einen Teil der großen Weidetiere ausgerottet und damit die Waldentwicklung entscheidend verändert.

Besonders im Winter suchen Spechte nach im Holz verborgenen Insektenlarven.

Ganz unabhängig von Theorien und Hypothesen zeigt sich, dass Spechte Nischen

Der Schwarzspecht erbeutet die Larven von sich in Baumpilzen entwickelnden Käferlarven, indem er mit seiner Zunge in deren Gänge eindringt.

in unterschiedlich offenen Landschaften besetzen. Bevorzugen der Grünspecht und der Wendehals lichte Bereiche mit rasenbewohnenden Ameisen, geht der Dreizehenspecht gerne in Fichtenbestände mit hohen Totholzanteilen, während der Bunt- und der Schwarzspecht in reifen Wäldern der frühen Zerfallsphase auf Nahrungssuche gehen.

Warum diese komprimierte Abhandlung über Wälder und Bäume zu Beginn dieses Spechtbuches? Spechte haben eine besonders enge Verbindung zu Bäumen und zum Wald. Alle unsere Spechtarten, mit Ausnahme des Wendehalses, nutzen den Baumstamm oder dickere Äste zur Anlage ihrer Höhlen.

Ausgehend von dieser Gemeinsamkeit gelang es ihnen durch eine Reihe verblüffender Anpassungen, sich Nischen zu erschließen, die anderen Tiergruppen verschlossen sind. Manche Spechtarten nutzen Bäume und Totholz, um in deren Holzkörper Insektenlarven zu erbeuten, die für alle anderen Vogelarten unerreichbar sind. Der Grünspecht als Ameisenspezialist schafft es sogar in strengen Wintern, sich genügend Nahrung zu verschaffen. Ein Musterbeispiel der Diversifizierung ist der Buntspecht, der in seiner Nahrungswahl so flexibel ist, dass er in unserer Kulturlandschaft der häufigste Specht ist. Damit bleibt lediglich dem Wendehals der gefährliche und anstrengende Wegzug nach Südeuropa und Afrika nicht erspart.

Flaggschiffarten für den Naturschutz

Somit können Spechte wegen ihrer engen Bindung an das Ökosystem Wald, aber auch für halboffene Landschaften, als „Flaggschiffarten“ betrachtet werden und Interesse für diese komplexen Lebensräume wecken. Spechte sind attraktiv, einfach zu erkennen und zum Teil auch leicht zu beobachten. Ebenso kann man ihre Spuren mit ein wenig Übung in nahezu jedem Wald finden. Und schließlich zeigt uns das Fehlen bestimmter Spechtarten in einem Wald deutlich, dass dort wichtige Lebensgrundlagen nicht nur für Spechte, sondern auch für eine ganze Reihe unscheinbarerer Lebewesen fehlen oder nur im Minimum vorhanden sind. Das Vorkommen von Spechten und die Höhe ihrer Populationen geben uns also Hinweise, welche Strukturen in unseren Wäldern für die gesamte Biozönose wichtig sind. Mit diesen Erkenntnissen können Maßnahmen ergriffen werden, die die ökologische Wertigkeit von Wäldern verbessern.

Ein Männchen des Schwarzspechtes im finnischen Winterwald. Angelockt wurde es durch Fettköder, die zum Fotografieren von Vielfraßen ausgebracht wurden.

Spechte im Ökosystem Wald?

Während man über einzelne Tierarten schon seit mehreren Jahrhunderten Daten sammelt, ist die Ökosystemforschung ein noch relativ junger Wissenschaftszweig. So hatte es sich etwa das Solling-Projekt in der Nähe von Göttingen zur Aufgabe gemacht, die Stoffströme im Ökosystem Wald zu analysieren. Dabei wurden Energieflüsse und Biomasseanteile quantifiziert und in Beziehung zueinander gesetzt. Bei diesem interdisziplinären Ansatz kam man zu interessanten Ergebnissen. So erkannte man, dass keineswegs die so auffälligen und populären Waldbewohner wie Hirsch oder Wildschwein den größten Anteil an tierischer Biomasse stellen (lediglich ca. 600 g/ha), sondern kleine Pflanzenfresser wie Mäuse (bis zu 4600 g/ha) einen wesentlich höheren Anteil haben. Doch auch dieser ist im Vergleich zu den Regenwürmern (bis zu 4 to/ha) und noch viel kleineren Organismen im Boden verschwindend gering. 99,9 % der Biomasse entfällt auf pflanzliches Material. Lediglich 0,1 % der Biomasse stellen die Tiere, davon nur ein winziger Bruchteil die Wirbeltiere wie Vögel oder Säuger. Betrachtet man dann noch, welchen verschwindend geringen Anteil Spechte daran haben, könnte man zum Schluss kommen, dass diese keine wesentliche Bedeutung im Wald haben.

Konsolenbäume sind wichtige Habitate für Insekten, da die eiweißhaltigen Fruchtkörper der Baumpilze eine deutlich leichter aufzuschließende Biomasse als Holz sind.

Höhlen werden regelmäßig gepflegt und vom Wundkallus befreit. Hier hat ein Grauspechtweibchen einen Höhleneingang erweitert.

Diese rein quantitative Betrachtungsweise wird allerdings der tatsächlichen Bedeutung der Spechte nicht gerecht. So weist die hohe Zahl der Folgenutzer von Spechthöhlen bereits auf deren besondere Schlüsselfunktion im Lebensraum Wald hin. Ihre Höhlen sind besonders bedeutsam in unseren Wirtschaftswäldern, wo faule und beschädigte Bäume aufgrund forstlicher Eingriffe rar sind.

Spechte schaffen Schlüsselstrukturen

Spechte halten einen Teil der von ihnen angelegten Höhlen aktiv in einem bewohnbaren Zustand. Wenn sie einen neuen Schlafplatz in einer alten Höhle beziehen, räumen sie diese von Nestresten frei. Gerade Hohltauben, Haselmäuse oder Siebenschläfer tragen umfangreiches Nestmaterial ein. Würde die Höhle nicht hin und wieder von diesen Resten geräumt, wäre sie bereits nach wenigen Brutperioden für viele Höhlenbrüter nicht mehr geeignet. Legen Spechte ihre Höhlen in lebenden Bäumen an, versucht der Baum den Höhleneingang durch die Bildung von Wundgewebe zu schließen. Selbst die großen Eingänge von Schwarzspechthöhlen können so besonders bei der wuchskräftigen Buche innerhalb weniger Jahre wieder geschlossen werden. Bei Nadelhölzern läuft der Prozess noch schneller ab, da sie noch mehr Zuwachs haben. Dass dies aber bei vielen Höhlen dann doch nicht stattfindet, ist ebenfalls den Spechten zu verdanken. Sie bearbeiten im Herbst und Frühjahr die Höhleneingänge, indem sie das im Laufe des Sommers vom Baum gebildete Wundgewebe wieder entfernen. Dies scheint zugleich eine Art Inbesitznahme-Verhalten zu sein, da vor allem im Herbst beim Neubezug von Schlafhöhlen, Eingänge bearbeitet werden, obwohl deren Durchmesser für den Specht noch ausreichend wäre. So bleiben die Höhlen für sie selber auch im Falle einer zeitweisen Aufgabe für größere Folgenutzer wie Hohltaube, Dohle oder gar Schellente über lange Zeiträume nutzbar.

Den Hackspuren von Bunt- und Schwarzspecht begegnet man selbst in naturfernen Nadelholzforsten nahezu auf Schritt und Tritt. Sogar dichte Jungbestände werden regelmäßig genutzt. Besonders auffällig sind die stollenförmigen Hackspuren am Fuß rotfauler Fichten, aber auch in morsches Laubholz werden tiefe Löcher auf der Suche nach Käferlarven gehackt. Dabei entstehen wichtige Kleinstrukturen, die wiederum von anderen Tierarten gebraucht werden. In den durch die Hacktätigkeit des Schwarzspechtes entstandenen, windgeschützten Nischen übernachten besonders in kalten Winternächten verschiedene Singvogelarten, wie man oft an kleinen Kothäufchen am Boden der Stollen erkennen kann. Halbhöhlen- und Nischenbrüter wie Zaunkönig oder Trauerschnäpper benutzen die Stollen ab und an auch zur Anlage ihres Nestes.

Singvögel profitieren manchmal von Nahrung suchenden Schwarz- und Buntspechten. Das ist der Fall, wenn diese im Sommer vom Borkenkäfer befallene Fichten aufspüren und deren Borke abstemmen, um an die darunter verborgenen Käfer zu gelangen. Dann sind meist auch Baumläufer, Kohlmeisen oder Rotkehlchen zur Stelle. Sie lesen die aus Versehen zu Boden gefallene Beute auf. Doch die Spechte sind beim Abstemmen der Borke immer darauf bedacht, die Borkenplatten so dosiert abzulösen, dass diese noch ein wenig Verbindung zum Stamm haben. So sammeln sich die Beutetiere in dem entstandenen Spalt und müssen nur noch aufgelesen werden. Es passiert jedoch immer wieder, dass ganze Borkenplatten mit Beute zu Boden fallen. Die lernfähigen Singvögel folgen daher den Spechten von Baum zum Baum und warten auf ihre Chance.

Meisen zeigen auch ein bemerkenswertes Verhalten an künstlich versorgten Nussschmieden des Buntspechts. Wird der Buntspecht während der

Mit ihren massiven Schnäbeln öffnen Spechte sich und anderen Arten den Zugang zu Insekten. Die Schmieden, die Spechte anlegen, werden auch von Meisen genutzt.

Schmiedetätigkeit gestört, nutzen sie sofort die Situation und fressen von der geöffneten Nuss. Besonders ergiebig hierfür sind Walnüsse, da aufgrund ihrer Größe häufig ein Anteil für die Meisen „herausspringt". Als Beobachter hat man manchmal den Eindruck, dass einzelne Kohlmeisen ohne Anlass den „Luftfeind-Warnruf" von sich geben und so den Buntspecht von der Futterquelle vertreiben.

Spechthöhlen erhöhen die Umweltkapazität auch von anderen Höhlenbewohnern.

Spechte zählen zur potenziellen Beute von Sperber und Habicht, obwohl sie wegen ihrer relativ geringen Populationsdichten, auch in günstigen Lebensräumen, nur einen geringen Anteil stellen. Keine Spechtart gehört zu den zehn häufigsten Beutetieren der beiden. Besonders häufig werden die unerfahrenen Jungvögel erbeutet, zumal zur Zeit ihres Flüggewerdens auch der Beutebedarf von Habichtbrutpaaren am größten ist. Damit wird klar, dass Spechte für Habicht und Sperber lediglich ein willkommenes Zubrot darstellen, wie der eine oder andere Rupfungsfund bei einer Waldexkursion belegt.

Habichte sind mit ihrem langen Schwanz und den kurzen breiten Flügeln besonders wendige Waldvogeljäger. Hier war ein Buntspecht die Beute.

Der Habicht profitiert auch indirekt von der Spechtaktivität. Hierüber gibt ein Beispiel aus dem Steigerwald Aufschluss. Dort galt die Hohltaube noch vor hundert Jahren als „sehr häufig" und erreichte eine Dichte von rund einem Brutpaar je 10 Hektar.[130] Geht man davon aus, dass jedes Paar in einer Brutsaison bis zu vier Junge großzieht, wird deutlich, dass hier ein weiteres, attraktives Nahrungsangebot für den Habicht existierte. Eine hohe Anzahl von Spechthöhlen wirkt sich folglich auf das Beuteangebot der Waldgreifvögel positiv aus, weil das Vorhandensein von geeignetem Brutraum für manche Arten wie der Hohltaube ein limitierender Faktor ist. Diese Betrachtung kann durchaus auf weitere Arten wie dem Star als häufigen Nutzer von Buntspechthöhlen ausgedehnt werden. Sind genügend Nisthöhlen vorhanden, erreichen Stare eine hohe Siedlungs dichte, was wiederum das Nahrungsangebot für Baum- und Wanderfalke und den Baummarder deutlich erhöht. Dass man Starenpopulationen durch gezieltes Anbieten von Nistkästen erhöhen kann, hat der Mensch schon vor vielen Jahrzehnten entdeckt. Die „Starenmästle", wie sie früher in Schwaben hießen, dienten jedoch in der Vergangenheit nicht Vogelschutzgründen, sondern der Erweiterung des Speiseplans. Die fetten Starenküken wurden vor dem Flüggewerden aus den Nestern geholt und landeten im Suppentopf.

Die Nahrungssuche – Hacken, Schmieden, Ringeln

Um den Nahrungserwerb von Spechten zu verstehen, muss man sich nicht nur mit der Lebensweise holzbewohnender Insekten, sondern auch mit den Eigenheiten von Holz beschäftigen. Dieser variable Stoff ist stabil, langlebig und voller Energie. Doch wer diese Energie nutzen will, muss die ziemlich stabilen chemischen Verbindungen erst einmal knacken. Holz zu verbrennen, ist hierzu die „radikalste" Methode. Dabei wird die gesamte gespeicherte Energie in einem einzigen Schritt in Wärme umgewandelt. Diese Fähigkeit hat sich aber nur der Mensch zu eigen gemacht. „Holzfressende" Tiere benötigen dagegen zur Verwertung von Holz die Hilfe von Pilzen oder Bakterien. Nur diese sind in der Lage, die Holzbestandteile Zellulose und Lignin aufzuspalten und in körpereigene Substanzen umzubauen. Deshalb beherbergen vom Holz lebende Larven Zellulose spaltende Bakterien in ihrem Verdauungstrakt, züch-

Auch Prachtkäfer- und andere Larven werden gezielt von Spechten aus der Rinde gearbeitet. Sie eröffnen damit auch anderen Gegenspielern den Zugang zu den Larven, wie Erzwespen oder Pilzen.

Bild links und rechts unten: Auch Pochkäfer- und andere Insektenlarven besiedeln sehr trockenes Totholz in hohen Stückzahlen. Besonders Weißrücken- aber auch Buntspechte nutzen diese Nahrungsquelle, indem sie das Holz quer abstemmen. Die Schnabelspur ist im Holzbild gut zu erkennen.

ten Pilzrasen oder weiden Fruchtkörper von Pilzen (Myzelien) ab. Indem die Larven das Holz klein raspeln vergrößern sie die Oberfläche. Damit schaffen sie für Pilze und Bakterien bessere Lebensbedingungen und beschleunigen den Abbau. Dennoch bleibt Holz arm an Stickstoff. Neue Forschungen zeigen aber, dass einige Holz bewohnende Käferarten sogar in der Lage sind mithilfe von Darmbakterien, ähnlich wie z.B. Erlen, Luftstickstoff zu binden und damit diesen Nachteil auszugleichen.

Im Ökosystem Wald gibt es lebendes und totes Holz in unterschiedlichster Ausprägung. Besonders Totholz kommt in vielfältigen Dimensionen und Zersetzungsstadien vor. Handelt es sich beispielsweise um einen dicken Stamm oder einen dünnen Ast? Befindet sich das Holz in feuchter oder eher trockener Umgebung? Von welcher Baumart mit deren spezifischen Eigenschaften stammt es überhaupt? All diese und noch viel mehr Variablen schaffen eine Vielzahl ökologischer Nischen für Holz bewohnende Insekten. Nicht zufällig profitieren 25% aller Tierarten im Wald direkt von Totholz.[135]

Wer mit bloßen Händen in morschem Holz nach Käferlarven sucht, wird selten fündig. Spaltet man dagegen mit einer Axt morsche Holzteile, so steigt die Wahrscheinlichkeit auf Larven zu stoßen. Je fester Holz ist, umso weniger wurde es von Pilzen abgebaut, desto mehr Energie enthält es. Daneben bietet festeres Holz den wehrlosen Larven auch besseren Schutz vor Spechten, die diese nahrhaften Eiweißpakete schätzen. Erst während der Verpuppung bildet sich der Panzer des fertig entwickelten Käfers aus Chitin und Sklerotin, einem äußerst stabilen Verbundstoff aus Chitin und Eiweißen. Dieser Stoff wird von Insekten zum Schutz ihres Körpers ebenso verwendet wie von Pilzen.

Doch zurück zu den im Holz lebenden Larven. Auf sie haben es Hackspechte wie Bunt-, Schwarz- und Weißrückenspecht abgesehen. Allerdings muss auch hier der Ertrag in einem positiven Verhältnis

Schwarzspechte können mit dem Schnabel sowohl fein unter der Rinde arbeiten (oben), als auch tief im Holzkörper nach Bockkäferlarven (unten) oder Holzameisen suchen.

Aus Kleinstrukturen entstehen Lebensräume

zur aufgewendeten Energie stehen. Untersucht man einmal die Hackstelle eines Schwarzspechtes genauer, so erkennt man unschwer, dass es morsches Holz ist, das er bearbeitet hat. Mit relativ wenig Aufwand verringert er so die Distanz zu den Larven, die sich in den härteren Zonen verpuppen. Mithilfe seiner Zunge „angelt" er nun die Insekten aus den Gängen. Seine harpunenartige Zunge reicht dabei bis 5 cm weit. Damit die Überlebensrate holzbewohnender Käfer ausreichend hoch ist, um das Überleben ihrer jeweiligen Art zu gewährleisten, muss es regelmäßig Situationen geben, in denen Spechte Larven nur mit unverhältnismäßig hohem Aufwand erbeuten können. Um während des relativ lange dauernden Puppenstadiums, das zum Teil mehr als ein Jahr dauert, möglichst gut vor Spechten geschützt zu sein, ziehen sich die Larven möglichst weit in den Holzkörper zurück.

Bestimmte Pilze beginnen Stämme von innen abzubauen. Deshalb kann es bei älteren Bäumen der Fall sein, dass das Innere des Stammes durch eine zurückliegende Verletzung oder über die Wurzel infiziert wurde und bereits morsch ist. Der Splint des Baumstammes ist aber noch gesund und fest. Bei Fichten ist dies sogar häufig der Fall. Man spricht von Rotfäule, weil das innere morsche Holz eine rötliche Färbung aufweist. Genau an solchen Stellen legen Rossameisen ihre Nester an, indem sie das weichere Frühholz zernagen und abtransportieren. Nun bietet der wabenartige Innenbereich Schutz und Isolierung. Das Nest erstreckt sich im Baum einige Meter in die Höhe und unter dem Baum bis in die Erde, wo das Ameisenvolk gut geschützt den

Links: Der Schwarzspecht hat sich durch den Splint einen Zugang zu dem Ameisennest verschafft.

unten: Im Stamminneren einer Esche haben Holzameisen ihr Nest angelegt.

Winter überdauert. Im Spätwinter wandern die Ameisen bei zunehmender Erwärmung ihrer Behausung wieder in die oberen Bereiche, um möglichst bald mit der Zucht von Blattläusen beginnen zu können. Zu dieser nahrungsarmen Zeit suchen Schwarzspechte solche „Ameisenbäume“ auf und hacken tiefe Stollen durch das vitale Holz des Stammes, um zu den Rossameisen vorzudringen. Wie die Spechte ihre Beutetiere orten, ist noch nicht ausreichend geklärt. Wahrscheinlich können sie die Nagegeräusche von Insektenlarven und Ameisen hören. Es gibt Beobachtungen, bei denen Spechte an Holzgehäusen mit leise tickenden Messgeräten zu hacken begannen.[34] Neben dem Gehör spielt aber auch der Tastsinn in der Zunge für die Feinortung eine wichtige Rolle bei der Nahrungssuche.[45]

Viele Käfer ernähren sich im Larvenstadium nicht von Holz, sondern vom nährstoffreichen Bast, der unmittelbar unter der Borke den gesamten Holzkörper des Baumes umhüllt. Während in Teilbereichen des Holzkörpers das zur Photosynthese benötigte Wasser und die darin gelösten Mineralsalze von den Wurzeln zu den Blättern geleitet werden, versorgt die dünne Bastschicht alle Teile des Baumes mit dem in den Blättern erzeugten Zuckersaft. Erst so kann an jeder Stelle des Baumes Wachstum stattfinden. Die Bastschicht ist im Vergleich zum Holz wegen ihrer lebenden Zellen leicht verdaulich und wegen ihrer Zuckerhaltigkeit besonders nahrhaft.

Alle Stadien von Borkenkäfern sind wichtige Spechtnahrung.

Am bekanntesten sind die Bast fressenden Borkenkäfer. Von ihnen haben sich zahlreiche Arten auf kaum mehr als eine Baumart spezialisiert. Die meist nur wenige Millimeter großen Käfer bohren sich durch die Rinde, um in der Bastschicht Gänge zu nagen, in denen sie ihre Eier ablegen. Die geschlüpften Larven fressen weitere Gänge in die Bastschicht. Dadurch wird die Versorgung der Wurzeln mit dem lebenswichtigen Zuckersaft unterbunden. Hierdurch stirbt der Baum innerhalb weniger Wochen ab.

Der Dreizehenspecht ist auf Borkenkäfer in Nadelwäldern der borealen bzw. alpinen Zone spezialisiert. Die hellen Partien der Rinde sind abgeplatzte Rindenschuppen. Sie deuten darauf hin, dass der Stamm bereits vom Borkenkäfer besiedelt ist.

Bunt-, Schwarz- und Dreizehenspecht profitieren aber unmittelbar davon. Sie nutzen die leicht zu erreichende Beute als willkommene Nahrung. Mit wenigen, fein dosierten Schlägen am Fichtenstamm lösen sie die Borke. Zum Vorschein kommen im Idealfall die reiskornähnlichen Larven. Die Kunst ist es nun, die Borkenstücke nicht komplett vom Stamm zu hacken, sondern nur so weit wegzustemmen, bis die winzigen Larven oder verpuppten Käfer mit dem Schnabel oder der Zunge aufgenommen werden können.

Borkenkäfer wie Buchdrucker oder Kupferstecher können nach Sturmwürfen oder Trockenjahren kurzfristig große Populationen aufbauen, was ganze Fichtenbestände zum Absterben bringt. Was in der natürlichen Nadelwaldzone Nordamerikas und Skandinaviens Teil der Walderneuerung ist, verursacht im Wirtschaftswald hohe finanzielle Einbußen und große logistische Probleme. Aus dieser Not heraus hoffen Waldbesitzer immer wieder, dass natürliche Gegenspieler helfen, das Problem zu lösen. Besonders der überwiegend von Borkenkäfern lebende Dreizehenspecht ist bei solchen Kalamitäten immer wieder im Gespräch.

Gibt es Fakten, die diese Hoffnung nähren? Als Standvögel gehen Spechte auch im Winter auf Insektenjagd. Dadurch verringert sich die Zahl der in Rinden brütenden Käfer, weil sie sich erst ab April wieder fortpflanzen. Wie man von Magenuntersuchungen und Berechnungen zum durchschnittlichen Energieverbrauch weiß, verzehrt ein Dreizehenspecht pro Wintertag rund 3200 Käferlarven. Überschreitet eine Beute eine gewisse Häufigkeitsschwelle, konzentrieren die Spechte ihre Suche auf diese besonders leichte Beute.[20] In einer solchen Situation steigt die Spechtdichte lokal markant an, weil das reiche Angebot der Insekten eine üppige, leicht erreichbare Nahrung verspricht. Beim Dreizehenspecht wurden in solchen Situationen drei- bis siebenfach erhöhte Brutpopulationen festgestellt.[20]

Auch herumvagabundierende Jungspechte, die im Sommer auf der Suche nach einem eigenen Revier sind, konzentrieren sich nach der Auflösung der Familienverbände an solchen Stellen. Außerhalb der Brutzeit kann sich unter nordskandinavischen Verhältnissen die Spechtdichte im Vergleich zu einem nicht befallenen Waldbestand sogar auf das 45-fache erhöhen. Eine solche

Konzentration hat besonders in nordischen und alpinen Wäldern mit niedrigen Durchschnittstemperaturen, kurzer Vegetationszeit sowie lediglich einer Käfergeneration pro Jahr nachweislich einen Einfluss auf den Bestand der Beutetiere. Unter solchen Bedingungen verringern Dreizehenspechte im Zusammenspiel mit anderen Feinden die Borkenkäferpopulationen um 19 bis 98 %. Je früher die Spechte im Verlauf der Massenvermehrung die Fläche entdeckten, umso größer war ihr Einfluss auf die Populationsentwicklung. [20]

Spechte können im Zusammenspiel mit anderen Gegenspielern Kalamitäten abschwächen.

Zu grundlegend anderen Ergebnissen kam eine Untersuchung im Nationalpark Bayerischer Wald. Obwohl auch hier die Dichte des Dreizehenspechts erheblich anstieg, konnte der Befall von ihm nicht eingedämmt werden, weil die Borkenkäfer sich unter den wärmeren Bedingungen Mitteleuropas ungleich schneller vermehrten und die Spechte ihre Population nicht entsprechend schnell anpassen konnten. Wenngleich Spechte oftmals keine laufende Kalamität verhindern, so tragen sie doch in Verbindung mit anderen Gegenspielern dazu bei, die Häufigkeit solcher Ereignisse zu verringern. Gerade tot- und altholzreiche Wälder beherbergen eine hohe Spechtdichte und eine reiche Fauna an Gegenspielern wie Schlupfwespen und Jagdkäfern. Sie könnten das Netzwerk bilden, um Wirtschaftswälder weniger anfällig zu machen.

Der Grünspecht (hier ein Weibchen) ernährt sich das ganze Jahr von Ameisen.

Das junge Grünspechtweibchen (man erkennt kein Rot im Bartstreifen) ist noch im intensiv gepunkteten Jugendkleid.

Ameisen sind für Erdspechte eine zentrale Nahrungsquelle.

Ameisen spielen eine bedeutende Rolle im Ökosystem Wald. Durch die staatenbildende Lebensweise und die damit mögliche Spezialisierung innerhalb des Volkes, können sie ein breites Nahrungsspektrum effektiv nutzen. Deswegen kann der Anteil der verschiedenen Ameisenarten an der gesamten tierischen Biomasse beträchtlich sein. 20 bis 100 Nester können lokal pro 100 m^2 gefunden werden.[91] Dieses Nahrungspotenzial ist für unsere drei größten Spechtarten von großer Bedeutung. Da der gesamte Ameisenstaat überwintert, steht ihnen diese Beute auch im Winter zur Verfügung. Somit müssen sie nicht, wie viele kleinere insektenfressenden Vogelarten, eine weite, Energie zehrende Wanderung in wärmere Gebiete antreten. Am stärksten hat sich der Grünspecht auf die Ameisenkost spezialisiert. Es folgt der Grauspecht, der sich ebenfalls zu einem großen Anteil von Ameisen ernährt, wogegen der Schwarzspecht nur zeitweise und dann vor allem größere Arten wie Wald- oder Rossameisen nutzt. Ameisen sind xerothermophil, d.h. sie lieben warm-trockene Lebensräume und ihre Hügel sind eine Art Sonnenkollektor. Daher findet man auch Erdspechte häufig in lichten und somit wärmeren Bereichen.

Im Winter suchen Erdspechte besonders häufig die Nester verschiedener Waldameisenarten auf. Bei hoher Schneelage wird das bemerkenswerte Ortsgedächtnis des Grün- und Grauspechtes ersichtlich. Punktgenau dringen sie dann durch die Schneedecke zum Ameisenhaufen vor. Grünspechte graben bis

Für Grünspechte ist es eine Herausforderung, unter der geschlossenen Schneedecke die Ameisenhaufen zu entdecken. Zum Teil gräbt er tiefe Stollen in die Baue.

Auch die großen Ameisenhaufen der roten Waldameise sucht der Grünspecht besonders im Winter gerne auf.

zu 85 cm lange Stollen in das Innere von Ameisenhügeln, um die kältestarren Arbeiterinnen und Ameisenpuppen zu erbeuten.[91,33] Besonders die in großen Staaten lebenden *Formica*-Arten, wie die Rote Waldameise und die Kahlrückige Waldameise, sind für die Spechte ein effektives Nahrungsangebot. Zudem sind die Tiere im Winter kältestarr und können keine Säure verspritzen. Obwohl die Ameisenhügel nach längerer Nutzung durch Erdspechte zerwühlt aussehen, zeigen Untersuchungen aus Holland, dass Spechte dort nur rund 5 % der Ameisen fraßen und damit das Volk nicht existenziell gefährdeten.

Auch wenn Ameisen eine wichtige Spechtnahrung darstellen, ist dies für die Völker nicht existenzbedrohend.

Drahthauben, die mancherorts die Ameisenhaufen schützen, entziehen nicht nur den Spechten eine wichtige Winternahrung,[91] sondern schaden auch dem Ameisenvolk. Sie verändern das Mikroklima im Nestinneren negativ, wenn das Drahtgeflecht von den Ameisen überbaut wird.

Die Nester mancher Ameisenarten findet man sogar hoch oben in den Baumkronen. Diese Arten nutzen dazu Hohlräume in dürren Ästen. Vor allem warme Eichenwälder mit ihren durchsonnten, lichten Kronen werden von Arten wie *Lasius brunneus*, *Lasius platythorax* und *Lasius fuliginosus* besiedelt.[91]

„Einemsen" als Komfortverhalten?

Ameisen dienen Spechten nicht nur als Beute, sondern auch zur Körperpflege und zum Komfortverhalten. Neben dem passiven „Einemsen", bei dem sie sich auf einen Ameisenhaufen setzen und mit Ameisensäure bespritzen lassen, nehmen sie Ameisen mit dem Schnabel auf und reiben sie an Flügeln oder anderen Körperpartien. Vor allem Arbeiterinnen der nicht stechenden Gattung *Formica* (s. o.) verwenden sie gerne dazu.[91] Über die genaue Funktion gibt es zahlreiche Hypothesen. So spekuliert man darüber, ob die Ameisensäure zur Parasitenbekämpfung dient oder als ein Mittel genutzt wird, das die Federn elastisch und funktionsfähig hält. Wieder andere meinen, dass das Ausstreichen dazu dient, die Beute vor dem Verzehr von der ätzenden Ameisensäure zu befreien.[91,10] Eine der jüngsten Theorien glaubt, dass das Einemsen eine stimulierende und autoerotische Wirkung ähnlich einer Droge besitzt. Tatsache ist jedenfalls, dass Ameisensäure desinfizierend und bakterizid wirkt.

Eichelspechte leben in Gruppen und sammeln Eicheln in eigens geschaffenen Nischen. Diese werden dann permanent umgeschichtet, bis sie irgendwann verzehrt werden.

Geistesleistungen von Vögeln

Lange Zeit schaute man auf die geistigen Fähigkeiten von Vögeln herab. Der Ausspruch „Spatzenhirn“ – war ein Ausdruck solcher Geringschätzung. Ein kleines Gehirn, so die These, bedeutet geringe kognitive Fähigkeiten. Tatsächlich müssen Vögel aber für ihre Flugfähigkeit an allen Stellen im Körper an Gewicht einsparen. Daher haben sie auch bei der Evolution des Gehirns andere Wege beschritten als die Säuger. In ihrer Leistungsfähigkeit stehen sie dem Säugergehirn aber in nichts nach. Dies wusste man bereits von Singvögeln wie den Raben und von Papageien. So sind sie trotz ihrer vergleichsweise kleinen Größe zu erstaunlich komplexen Lösungen fähig.[127] Sie stellen Werkzeuge her, können Ursache und Wirkungszusammenhänge verstehen, vorausschauend planen (langfristig Höhlen anlegen) und manche erkennen sogar das eigene Spiegelbild (z. B. nehmen Rabenvögel einen aufgemalten Punkt an ihrem Schnabel war), was selbst einige Primaten nicht können.[74]

Die Antwort auf die Frage, wie Vögel dies bewerkstelligen, lieferte erst vor kurzem die Neuroanatomie. Vögel verfügen vor allem im Vorderhirn über deutlich mehr Neuronen als die Gehirne von Primaten.[74] Pro Gewichtseinheit haben diese Vogelgehirne eine viel höhere kognitive Leistungsfähigkeit als die verglichener Gehirne von Affen. Das liegt daran, dass die Vogel-Neuronen deutlich kleiner sind als die der Säuger. Die untersuchten Vögel mit kleineren Gehirnen sind also genauso leistungsfähig wie die Primaten mit deutlich größerem Hirnvolumen.

Die geistigen Fähigkeiten der Spechte werden innerhalb der Klasse der Vögel als hoch eingestuft, weil ihre Gehirnmasse im Verhältnis zum Körpergewicht relativ groß ist. Doch für was benötigen Spechte ein relativ hoch entwickeltes Gehirn? Einen Hinweis gibt das bereits beschriebene Nahrungsverhalten des

Grün- und Grauspechtes. Sie kennen die Ameisenhaufen in ihren Revieren nahezu punktgenau, selbst unter einer hohen Schneedecke. Auch alle anderen Spechtarten benötigen einen ausgeprägten Orientierungssinn und ein gut entwickeltes Ortsgedächtnis, um je nach Jahreszeit die ergiebigsten Nahrungsquellen zu nutzen. Das setzt ein plastisches Lernverhalten und ein gutes Langzeitgedächtnis voraus.

Der Buntspecht baut eigens Schmieden im Holz, um Nüsse und Samen öffnen zu können.

Kanadische Wissenschaftler fanden heraus, dass Vögel mit einem größeren Gehirn eine höhere Intelligenz aufweisen und als Folge davon eine höhere Überlebenswahrscheinlichkeit auch im Winter haben.[107] Danach stellten sie eine Art Rangliste der Intelligenz von Vogelgruppen auf. Spitzenreiter sind, wie bereits erwähnt, die Raben, aber bereits auf Platz 4 folgen die Spechte. Die Fähigkeit zu komplexen Problemlösungen gilt als die größte Intelligenzleistung. Dazu zählt der Werkzeuggebrauch, der bei nur wenigen Vogelarten, wie etwa verschiedenen Rabenvögeln oder den Darwinfinken, bekannt ist. Auch bei mehreren Spechtarten lassen sich Vorstufen des Werkzeuggebrauchs beobachten. Sie benutzen Astgabeln oder natürliche Vertiefungen im Stamm als Schmieden, um Zapfen und Nüsse einzuklemmen und sie anschließend bequem aufmeißeln zu können. Im Gegensatz zum Buntspecht unterhalten sie die Stellen nicht aktiv. Der Buntspecht dagegen räumt in einem komplexen Bewegungsablauf seine Schmiede von einem bereits ausgebeuteten Zapfen frei, während er den neuen Zapfen mit der Brust gegen den

Unter solchen Zapfenschmieden sammeln sich die bearbeiteten Fichten- oder Kiefernzapfen.

Rotkopfspechte nutzen Autos als Nussknacker.

Stamm drückt. Bei Bedarf zimmert er sich sogar gezielt eine Zapfenschmiede mit einer Kerbe, die der Größe des zu schmiedenden Objektes angepasst ist.[34] Die Zapfen werden immer mit der Spitze nach oben eingeklemmt, um sie dann mit kräftigen Schnabelhieben zu bearbeiten. Nur so kann der Buntspecht mit seinem Schnabel an die nur stecknadelkopfgroßen Samen zwischen den Zapfenschuppen gelangen.

In Jahren mit reicher Zapfenernte können sich unter Hauptschmieden zum Ende des Winters Berge von leeren Zapfen ansammeln. Ein Fichtenzapfen kann bis zu 250 Samen enthalten und wiegt etwas mehr als 30 Gramm, was etwa der Hälfte des Gewichtes eines Buntspechtes entspricht. Somit kann er Fichtenzapfen nur über kurze Distanzen transportieren. In diesem Fall ist es von Vorteil, wenn die Spechtschmiede möglichst tief liegt; damit kann er sie im Sinkflug ähnlich einem Lastensegler ansteuern. Etwa sechs Fichtenzapfen braucht er pro Tag, um seinen Nahrungsbedarf zu decken. Dies entspricht etwa sechs Gramm der nahrhaften Samenkörner, wobei sich Buntspechte sich auch in guten Samenjahren nur selten ausschließlich von Koniferensamen ernähren.

Manche Spechte sind echte Nahrungsspezialisten.

Aus den USA wird ebenso von bemerkenswertem Spechtverhalten berichtet.[3] So legten in Süd-Carolina Rotkopfspechte (*Melanerpes erythrocephalus*) Nüsse und Kiefernzapfen auf eine Straße und warteten auf das nächste Auto, das dann die Nüsse für die Spechte knackte. Anschließend lasen sie den nahrhaften Inhalt von der Fahrbahn auf. Die Rotkopfspechte legen auch Nahrungsverstecke unter anderem mit lebenden Heuschrecken an, die sie so in Spalten einklemmen, dass diese nicht mehr entkommen können. Ein Gilaspecht (*Melanerpes uropygialis*) fütterte gar seinen Nachwuchs mit Honig, den er mithilfe von zuvor gewonnenen Borkenstücken aus einem Unterteller holte. Dieses Verhalten praktizierte er über mehrere Tage und verwendete verschiedene Materialien zum Dippen, unter anderem auch Sonnenblumenkerne.

Ringeln

Die Saftlecker, eine in Nordamerika vorkommende Spechtgattung (*Syhyrapicus*) mit vier Arten,[35] können mit einer anderen verblüffenden Art des Nahrungserwerbs aufwarten. Sie hacken Vertiefungen in die Baumrinde und verletzen den darunter liegenden, saftführenden Bast. Der austretende zuckerhaltige Saft wird dann von den Spechten aufgeleckt und die Saftstelle sogar verteidigt. Neben einer besonderen Bearbeitungstechnik besitzen sie eine optimierte Zungenmorphologie, was zu einer höheren Saftausbeute führt. Dazu ist ihre Zungenspitze besonders angepasst: Statt Widerhäkchen besitzt sie einen Endpinsel aus feinen Borsten.[33] Als willkommene Zusatznahrung sammeln sich an den Saftstellen Insekten wie Fliegen und Käfer, mit denen die Altvögel sowohl ihren eigenen Eiweißbedarf als auch den ihrer Jungen decken.[35] Die Saftlecker sind dabei in ihrer Ernährungsweise so spezialisiert, dass sie im Winter in wärmere Gebiete ausweichen müssen. So zieht der Gelbbauch-Saftlecker (*Sphyrapicus varius*) im Herbst von Nordamerika nach Mittelamerika und bis auf die karibischen Inseln, wo er vom Saft von Palmen lebt.

Gila-Spechte kommen in den Wüstengebieten im Südwesten der USA sowie im Nordwesten Mexikos vor. Sie legen ihre Bruthöhlen in den riesigen Saguaro-Kakteen an. In ihrem Nahrungserwerb sind sie sehr einfallsreich.

Weniger intensiv und vor allem im Frühjahr ringeln in Eurasien vor allem Dreizehen-, Bunt- und deutlich abgeschwächt Mittelspechte. Vom Ringeln der Spechte spricht man, da sie ringförmige Perforierungen an der Rinde von gesunden Bäumen anlegen.

Der Gelbbauch-Saftlecker schafft Ringelstellen, die u. a. auch von Kolibris intensiv genutzt werden.

Bild oben: Linden ringelt der Buntspecht besonders gerne. Dabei werden häufig die gleichen Stellen über Jahre genutzt und lediglich erneut behackt, wie es an der alten Verfärbung im unteren Bild gut zu erkennen ist.

Am besten kann man dieses Phänomen an mittelstarken, glattrandigen Baumarten entdecken. Dabei ist die Linde in Mitteleuropa mit Abstand die am häufigsten geringelte Baumart. Doch der Buntspecht ist flexibel: an 44 weiteren Gehölzarten ließen sich seine perlschnurartigen Einschläge feststellen. Als Grund für das Ringeln wird seit weit über 100 Jahren vermutet, dass der Baumsaft genutzt wird (Saftgenuss-Hypothese).

Aber welcher Saftstrom kann beim Ringeln angezapft werden? Im Inneren der Rinde befindet sich das Bastgewebe (Phloem), in dem der Baum Rohrzucker (Saccherose) leitet. Vor dem Blattaustrieb im Frühling mobilisiert der Baum Stärke aus den Speicherorganen (Parenchymzellen) und leitet sie zu den Zweigspitzen, um seine Blätter auszubilden. Diesen Zuckerstrom zapfen Saft saugende Spechte an.

Ringelbäume werden jahrzehntelang genutzt, was an Längsschnitten von Stammstücken gut zu erkennen ist. Durch die Einschläge wird des Öfteren auch das unter dem Bast liegende, hauchdünne Kambium in Mitleidenschaft gezogen. Anhand der Jahresringe lässt sich dann zurückverfolgen, wie lange Spechte den Baum bereits ringeln.

Gerade um dieses Ringeln hat sich, ausgelöst durch eine umfangreiche Studie, eine intensive Debatte entsponnen.[16,118] Grund dafür war die Aussage, dass das Ringeln ein Atavismus sei, also ein rudimentäres stammesgeschichtliches Verhalten ohne Bedeutung. Zu diesem Fazit kommt der Autor u. a., weil er den Baumsaft als Nahrungsquelle für wenig ergiebig hält. Zu einer völlig anderen Einschätzung kommen finnische Spechtforscher.[74] Sie stellten fest, dass Dreizehenspechte ein Drittel der Zeit ihrer Nahrungsaufnahme an solchen Saftstellen verbrachten. Die Spechte nahmen dabei im Frühling in einer besonders kritischen, da nahrungsarmen Zeit regelmäßig Phloemsaft von Nadelhölzern auf. Die Studie kommt zu dem Schluss, dass der Baumsaft unmittelbar vor Beginn der Brutzeit eine erhebliche Bedeutung für die Kondition der Vögel besitzt.[74] Dies könnte auch erklären, warum gerade der in Berggebieten und in borealen Nadelwäldern mit rauen Wetterverhältnissen und kurzen Vegetationsperioden lebende Dreizehenspecht besonders intensiv ringelt.[86]

Baumsaft hat vor allem für den Dreizehenspecht große Bedeutung

Der Dreizehenspecht nutzt vor allem im Frühjahr seine Saftbäume, hauptsächlich Fichten oder Kiefern, regelmäßig und über lange Zeiträume.

Der Körperbau

Schon von weitem hört man die wuchtigen Schläge vom Stamm einer abgestorbenen Buche widerhallen. Das regelmäßige Pochen verrät schließlich auch den genauen Standort des Verursachers, der hin und wieder durch ruckartiges Klettern seine Position verändert. Immer wieder sucht er Deckung an der dem Beobachter abgewandten Seite des Stammes. Kein Zweifel! Es handelt sich um einen Nahrung suchenden Schwarzspecht, unseren größten heimischen Specht. Mit seinem mächtigen Meißelschnabel, den kräftigen Kletterfüßen mit den nadelspitzen Krallen und dem langen Stützschwanz weist er alle Merkmale auf, die im Allgemeinen mit dem Körperbau eines Echten Spechtes in Verbindung gebracht werden.

In der Familie der Spechte gibt es neben diesen Echten Spechten aber auch die Unterfamilie der Wendehälse und der Zwergspechte, die unserem Bild eines Spechtes überhaupt nicht entsprechen. Sie sind Zugvögel, haben keinen kräftigen Schnabel und bauen keine Höhlen. Mehr darüber aber später, am Ende des Buches, unter den Artkapiteln beim Wendehals.

Allen unseren Echten Spechten gemeinsam ist, dass sie ihre Bruthöhlen in Stämmen oder dicken Ästen anlegen. Und auch sonst suchen viele Spechte

Die kräftigen Krallen und der stabile Stützschwanz verleihen dem Schwarzspecht selbst an glattrindigen Buchen Halt.

An diesem Knochenpräparat eines Schwarzspechts kann man den massiven Schnabel, die lange S-förmige Wirbelsäule und die markanten Krallen gut erkennen.

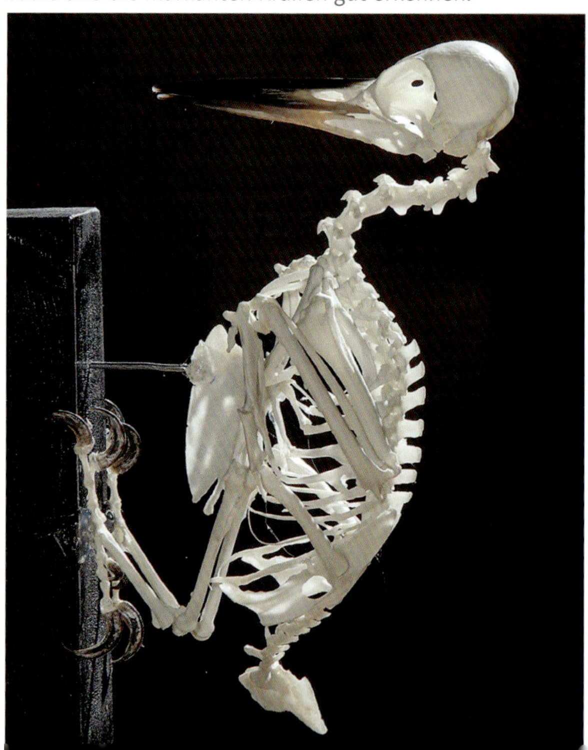

im Holz nach Insektenlarven. Ebenso typisch ist das Trommeln bei den meisten Spechtarten. Bei all diesen Tätigkeiten ist die Fähigkeit, Holz zu bearbeiten, zentral.

Rund 20 mal pro Sekunde kann ein Specht so seinen Schnabel in hartes Holz hämmern.[132] Tatsächlich muss der Körper einen Aufprall in der Stärke der 1200-fachen Erdbeschleunigung abfedern. Das ist vergleichbar mit einem Menschen, dessen Kopf mit einer Geschwindigkeit von 26 Kilometern pro Stunde (Höchstgeschwindigkeit eines Radfahrers auf ebener Strecke) gegen eine Wand prallt.[59] Einerseits muss der Specht, um wirkungsvoll zu sein, die Kraft möglichst ungebremst auf den Holzkörper bringen, andererseits darf aber das Spechtgehirn keinen Schaden erleiden. Hierzu gibt es durchaus verschiedene Strategien, die erstaunlich effektiv zusammenwirken.

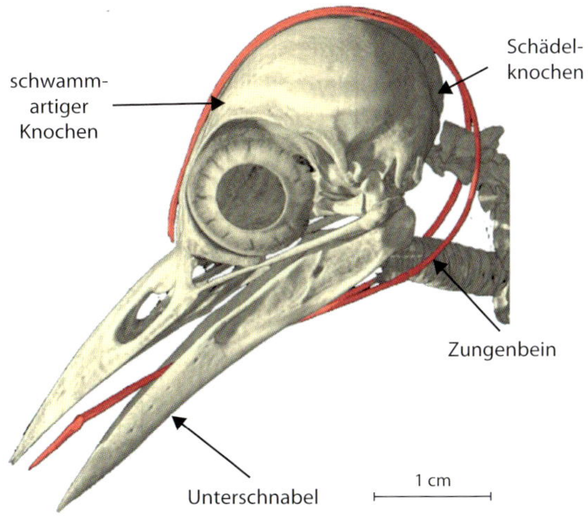

Als besondere Anpassung an das Arbeiten im harten Holz erkennt man den Sklerotikalring, der die Augen im Schädel schützt. Der Unterschnabelknochen ist etwas länger, da so ein Teil des Schlags über die Wirbelsäule abgeleitet wird. Die Zungenbeinhörner sind um den Schädel gewickelt und enden am rechten Nasenloch.[132]

Der Übergang vom Schnabel zum Schädel ist mit einem Dämpfungssystem versehen. So mündet der Oberschnabel in einen Bereich des Vorderschädels, der von einer Art schwammartigem Knochen, Spongiosa genannt, gebildet wird.[132] An dieser besonders verstärkten Stelle werden die Schläge etwas absorbiert. So wird die Hauptwucht nicht unmittelbar an den Schädelknochen und damit das Gehirn weitergeleitet.

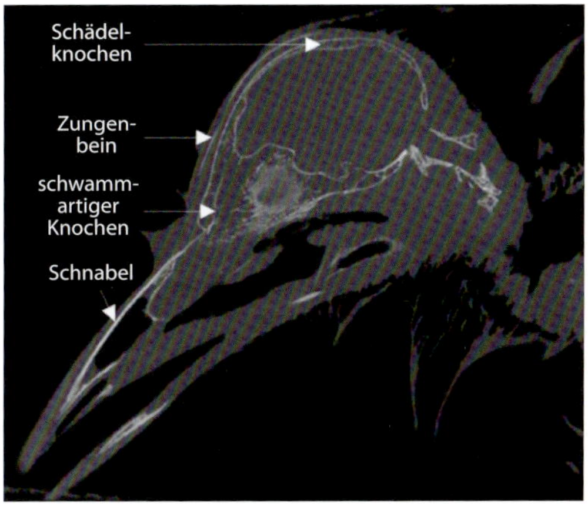

Hinter dem Oberschnabel setzt ein schwammartiger Knochen an, der den Aufprall dämpft.[132]

Der etwas längere Unterschnabel dagegen gibt die meiste Aufprallenergie nicht an den Hirnschädel, sondern über die Wirbelsäule und die Rippen, an den Stamm ab.[57,132] Der Kopf und die Wirbelsäule wirken gemeinsam fast hammerstielartig und erlauben in Verbindung mit der starken Nackenmuskulatur die schlagartigen Bewegungen. Je härter und häufiger die Hacktätigkeit innerhalb einer Spechtart ist, desto stärker sind bei dieser Art die ersten Rippenbögen verbreitert und durch kleine Querstreben miteinander verbunden. Die starken Kiefernmuskeln ziehen sich zusätzlich Millisekunden vor dem Aufprall des Schnabels zusammen und leiten die Energie ebenfalls über den Körper ab. An den größeren Rippenbögen setzen mächtige Bänder und Muskel-

Beim Aufprall schützt die Nickhaut, das dritte Augenlid, das Auge vor Verletzungen, hier bei einem Schwarzspechtweibchen.

Schwarzspechte hacken tiefe Stollen durch den Splint von rotfaulen Fichten, um die im Inneren lebenden Rossameisen zu erbeuten.

pakete an, die die Rippen miteinander verbinden.[57] Der gesamte Körper wirkt so als Schockabsorber und Stoßdämpfer.

Die Schädeldecke ist im Vergleich zu anderen Vogelgruppen stabiler und dicker gebaut.[132] Ebenso ist die äußere Hirnhaut ausgesprochen zäh und fest. Die Augenhöhle ist fast vollständig verknöchert und ihr Rand durch einen sogenannten Sklerotialring verstärkt, der das Auge stabilisiert.[12,10,132] Lediglich eine kleine Öffnung ermöglicht den Austritt des Sehnervs zum Gehirn. Kein Wunder, denn die Augen sind beim Hacken besonders gefährdet. So schließt sich unmittelbar vor dem Aufprall die Nickhaut, ein drittes Augenlid, das Vögel und einige Säuger besitzen.[33]

Schutzstrategien für das Gehirn

Neben diesen Anpassungen im Körperbau, gibt es auch physiologische Strategien. So fand man in Spechtgehirnen besonders viele Tau-Proteine. Diese Eiweiße ummanteln schützend die Nervenfortsätze, die Axone. Die Forscher vermuten, dass die Tau-Proteine bei Spechten anders als bei Menschen eine schützende Funktion besitzen.[21] Bedenkt man, dass z. B. Schwarzspechte täglich bis zu 12.000 Schnabelhiebe[34] ausführen, werden die zahlreichen Anpassungen gegen die Stoß- und Schlagschäden verständlich.

Wenngleich der meißelartige, lange Schnabel mit seiner Form bestens für die Bearbeitung von Holz geeignet scheint, ist er doch eine Art Vielzweckwerkzeug. Beim Höhlenbau werden mit dem Schnabel nicht nur Holzspäne abgehackt, sondern ebenso aufgelesen und aus der Höhle geworfen. Bunt-,

Klein- und Mittelspecht können es dank der Vielseitigkeit ihres Schnabels den Meisen gleich tun und in Zeiten des überreichen Angebotes kleine Schmetterlingsraupen und Blattläuse von Blättern und Ästen ablesen. Der Mittelspecht stochert mit seinem leicht gekrümmten Schnabel aber auch wie mit einer Pinzette in der grobrissigen Borke von Eichen und Uraltbuchen nach Insekten, was seine ganz persönlich genutzte Nische ist, durch die er sich auch in Zeiten knappen Nahrungsangebotes ein Auskommen sichert.

Bei der Nahrungssuche können Spechte ihren Schnabel erst in Kombination mit einer speziell geformten Zunge optimal nutzen. Sie kann weit aus dem Schnabel gestreckt werden und ist bei manchen Spechten an der Spitze mit steifen Borsten ausgestattet, mit der sie die Beutetiere wie mit einer Harpune aufspießen. Damit lässt sich die Beute aus ihren Gängen ziehen. Unterstützt wird diese Art des Beuteerwerbs durch ein zähes, klebriges Sekret der Unterzungen- und Speicheldrüsen, mit dem die Zungenspitze regelmäßig benetzt wird. Dadurch haften die Insekten noch fester an der Zunge. Sowohl die Zungenspitze als auch die Zungenlänge ist bei den einzelnen Arten an die Hauptbeute angepasst. Grau- und Grünspecht haben die längsten Zungen unter unseren Spechten. Sie können ihre Zunge bis zu 10 cm aus dem Schna-

Spechte haben eine extrem lange Zunge, die besonders fein muskulär gesteuert werden kann. So können Insektenlarven tief aus dem Holzkörper erbeutet werden.

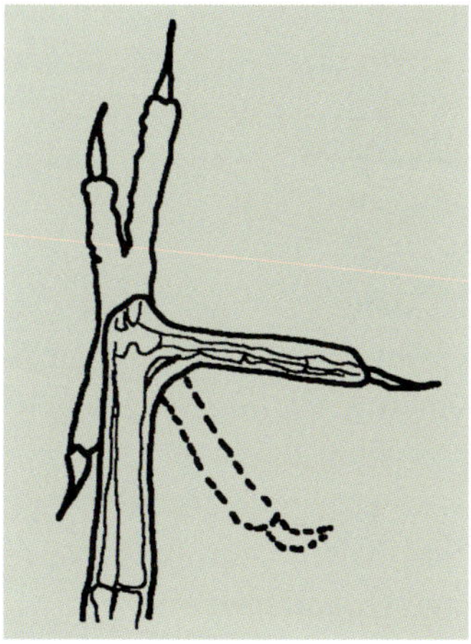

Bei Spechten zeigen zwei Zehen nach oben und zwei nach unten. Die 1. Zehe ist im Bild nicht zu sehen, dann folgt die 2. und 3. Zehe. Die 4. Zehe im Bild ist die längste. Sie funktioniert als Wendezehe, die in einem Winkel von bis zu 45 Grad gedreht werden kann und besonders viel Halt verleiht.

Der Stützschwanz, hier des Buntspechts, wirkt wie ein dritter Ankerpunkt am Stamm.

bel herausstrecken [33] und damit effizient Ameisen auflesen, von denen sie sich hauptsächlich ernähren. Um die überlange Zunge verstauen zu können, reichen die Zungenbeinhörner hinter dem ganzen Kopf herum bis über das Schädeldach. Sie enden dann beim Nasenloch des rechten Oberschnabels. Ein hoch entwickelter Muskelapparat ermöglicht es, die Zunge zu stabilisieren, zu kontrollieren und selbst noch mit ihrer Spitze präzise zu arbeiten. Grünspechte benutzen ihre langen Zungen auch, um ihre Umwelt zu erkunden und erforschen mit ihnen Ritzen und Spalten. Dazu gibt es eindrückliche Berichte eines Spechtforschers, der junge Grünspechte aufzog und schilderte, wie sie morgens als erstes mit der Zunge das Innere seines Hosenbeins erkundeten.

Die Beine der Spechte sind kurz und stämmig. Sie tragen, mit Ausnahme des Dreizehenspechtes, vier Zehen, wie dies bei den meisten Vogelarten der Fall ist. Zwei davon sind aber nach vorne gerichtet und zwei nach hinten. Zygodactylie nennt man zoologisch diese Zehenstellung, wobei dactylus für griechisch „Zehe“ steht und „zygon“ soviel bedeutet wie Joch. Tatsächlich erinnert die X-Stellung an die Form eines Ochsenjochs. Die mittleren Zehen sind nach vorne gerichtet und halten den Vogel gegen die Schwerkraft am Stamm. Die äußeren Zehen zeigen nach hinten. Während die erste Zehe fast verkümmert und nahezu funktionslos ist, hat die vierte eine wichtige Funktion. Sie ist die längste und kann als Wendezehe mit einem Verstellwinkel von 45 Grad flexibel eingesetzt werden. Mit ihr gleicht der Specht die seitwärts und nach hinten gerichteten Kräfte beim Klettern aus. Die Zehen sind mit stark gebogenen, scharfen Krallen bewehrt und sorgen selbst auf glatter Rinde für guten Halt. Die zwei vorderen Zehen und eine hintere sind über eine gemeinsame Sehne verbunden. [65] Damit reagieren sie bei Zug synchron und verleihen bei Belastung die nötige Sicherheit.

Wer schon einmal den freien Aufstieg mit Seilklemmen am Seil geübt hat, weiß wie erholsam es ist, seinen Beinen und Armen eine kleine Ruhepause im Sitzgurt zu gönnen. Den Spechten geht es nicht anders. Ihre Sitzgelegenheit ist ihr Schwanz, der zusammen mit den Beinen ähnlich einem Stativ ein Kräftedreieck bildet. Ganz gleich ob sich der Specht ausruht oder arbeitet, er kann sich am Stamm in einer stabilen Position halten. Auf diese Weise kann der Vogel den Körper weit vom Stamm abheben, um höchstmöglichen Schwung zum Hacken zu holen. Auch wenn Spechte am Stamm nach oben hüpfen, arbeiten Beine und Schwanz perfekt zusammen. Normale Federn würden allerdings dieser Belastung nicht lange standhalten. Jede einzelne der

12 Schwanz- oder Steuerfedern ist deswegen keilförmig, nach außen werden sie immer kürzer.[6] Die beiden längsten Federn befinden sich in der Schwanzmitte und haben stark zugespitzte Enden. Die unterschiedliche Länge und die leichte Biegung der Federn erhöht die Kontaktfläche beim Anpressen an den Stamm.[12] Sie ist umso stärker, je mehr es sich um Hackspechte handelt. Der breite, stark abgeflachte Stiel und eine besonders feste Fahne machen diese Federn steif und robust, sodass sie auch großen Belastungen standhalten. Eine weitere Anpassung stellt die dunkle Farbe gerade der mittleren Schwanzfedern dar. Sie wird durch eingelagerte Melanin-Pigmentkörner verursacht, die die Bruchfestigkeit der Steuerfedern erhöht. Eine weitere Kletterhilfe bieten die Federäste an den Enden der Schwanzfedern.[65] Sie verhaken sich in die raue Struktur der Borke und verhindern ein Abrutschen. Die Schwanzfedern sind für den Spechtalltag so bedeutend, dass sie zeitversetzt von innen nach außen gewechselt werden. Die Mauser beginnt allerdings mit dem zweitinnersten Federpaar. Die beiden zentralen Federn werden erst zum Ende ersetzt, wenn die benachbarten Federn bereits lang genug sind, um deren Funktion zu übernehmen. Die Stützfedern setzen direkt an einem pflugförmigen Knochen – der Schwanzwurzel (*Pygostyl*) – an, die von einem kräftigen Muskel gesteuert wird.[12] Je stärker eine Spechtart klettert und hackt, umso stärker sind Knochen und Wurzel ausgeprägt.

Schwanzfedern mit Stützfunktion

Ein typischer Specht besitzt 10 Hand- und 11 Armschwingen. Gemausert wird nach der Brut über fast ein halbes Jahr. Das ist extrem lang, bedenkt man, dass Sperlingsvögel nur einen Monat benötigen. Doch Spechte sind Standvögel und haben so mehr Zeit. Je nach Art erstreckt sich der Zeitraum von Mai/Juni bis September/Oktober.

Die Stützschwanzfedern können nahezu im rechten Winkel abgeknickt werden.

Die Jungen beginnen bereits zum Zeitpunkt des Flüggewerdens ihre Mauser, Dreizehenspechte sogar oft noch vorher in der Höhle. Jungvögel erkennt man an der Handschwinge 10. Sie ist länger und breiter als bei Altvögeln.[34]

Geschützt wird der ganze Körper von einer besonders robusten, dicken Haut. Eine denkbare Erklärung dafür ist die permanente Verletzungsgefahr, die eine so enge Bindung an den Lebensraum Baum mit rauer Borke, sprödem Holz und dürren Ästen sowie der Nutzung von Baumhöhlen mit sich bringt. Möglicherweise stellt es aber auch eine evolutive Reaktion auf den Umgang mit beißender und stechender Nahrung wie Ameisen dar.[34]

Die Balz

Spechte beginnen bereits im ausgehenden Winter mit der Balz, obwohl sie erst relativ spät brüten. Ein Grund hierfür scheint ihre einzelgängerische Lebensweise zu sein. Es dauert lange, bis sich die Partner aneinander gewöhnen und ihr aggressives Verhalten nachlässt.[9,33] Grundsätzlich hat die Balz zwei Ziele: einen Fortpflanzungspartner zu finden und ein ausreichend großes Brutrevier zu besetzen. Obwohl Spechte äußerst territorial sind, haben ihre Reviere keine so scharfen Grenzen wie etwa bei Singvögeln. Vielmehr gibt es im Streifgebiet von Spechten Zonen unterschiedlicher Wichtigkeit, die dementsprechend mehr oder weniger intensiv verteidigt werden. Höchste Priorität haben Baumhöhlen und ergiebige Nahrungsquellen.

Die Aufenthaltsorte von Spechten können jahreszeitlich stark differieren. So halten sich manche Buntspechte nach dem Selbständigwerden der Jungen im Spätsommer/Herbst in Ortschaften auf. Im ausgehenden Winter kehren sie wieder in den Wald zurück, um sich dort erneut ein Revier zu erobern. Dabei stoßen sie auf erbitterten Widerstand der Revierinhaber, welche die attraktivsten Höhlen- und Nahrungsbezirke energisch verteidigen.

Trommelstellen mit günstigen Resonanzeigenschaften sind rar und werden oft von mehreren Spechtarten genutzt.

Der eigentlichen Balz im Frühjahr geht bei vielen Spechten die Herbstbalz voraus. Sie dient ebenso dazu, die Reviere und Höhlenbezirke neu zu ordnen. Die Jungspechte wiederum suchen Schlafhöhlen und wollen eigene Reviere besetzen. Sind Höhlen als lebenswichtige Requisiten einmal in Besitz genommen, bleiben sie beim Schwarz-, Grün- und Grauspecht oft über mehrere Jahre ein zentraler Bestandteil ihres Streifgebietes.

Da sich „Reviere“ von Weibchen und Männchen stark überlappen und bevorzugte Schlafhöhlen oftmals nahe beieinander liegen, stellen diese Höhlenzentren auch eine Art Treffpunkt dar. Dort lernen sich potenzielle Brutpartner kennen oder lassen alte Brutpaare ihre Beziehungen wieder aufleben. Um beim abendlichen Einflug außerhalb der Balz und Jungenaufzucht kein Verteidigungsverhalten auszulösen, haben die Geschlechter sogar leicht verschobene Schlafengehenszeiten.

Dass Spechtreviere selbst in der Brutzeit räumlich nicht scharf voneinander abgegrenzt sind, zeigte das Verhalten eines Schwarzspechtweibchens im Vorland der schwäbischen Alb. Es flog jeden Abend von seinem Nahrungs- und Brutrevier etwa drei Kilometer weit zu seiner Schlafhöhle in das Territorium eines benachbarten Schwarzspechtpaares.[104]

Buntspechte verwenden regelmäßig künstliche Strukturen, sei es ein Mast oder eine Satellitenschüssel, wenn diese eine gute Resonanz aufweisen.

Schwarzspechte brüten oftmals in Höhlen, die sie bereits vor vielen Jahren begonnen haben. Sie werden schon im Herbst in Besitz genommen und zum Nächtigen täglich aufgesucht. Kleinere Spechtarten, die fast jedes Jahr eine neue Höhle bauen, müssen sich dagegen nach der Paarfindung erst einmal auf einen Bruthöhlenstandort einigen. Der bestehende oder zukünftige Höhlenbaum wird dann zum Mittelpunkt des Balzgeschehens.

Trommeln als Signal

Eine der auffälligsten Balzhandlungen ist wohl das Trommeln, dessen Botschaft dem Vogelgesang nahe kommt. Mit Trommeln werden Reviere markiert, Geschlechtspartner angelockt und sexuell stimuliert. So trommeln und rufen männliche Schwarzspechte, die keine Partnerin gefunden haben, unentwegt bis zu 300 mal am Tag,[10] oft über mehrere Monate hin bis zum Ende der Brutzeit. Beide Geschlechter trommeln, die Weibchen jedoch seltener und kürzer. Dazu dienen Holzteile mit besonders guten Resonanzeigenschaften, z.B. ein abgestorbener Ast oder ein Baumstumpf. Das Holz muss trocken und unzersetzt sein. Ideale Trommelstellen sind leicht ausgehöhlt und befinden sich möglichst weit oben an einem Baum, weil von dort die Information besonders weit durch den Wald schallt. Bis zu 1,8 km kann das Signal bei Schwarzspechten zu hören sein[10]. Je tiefer der Ton und damit die Frequenz, desto weiter reicht das Signal. Das gleiche Phänomen kennen wir von näher kommender Blasmusik, bei der von weitem schon die Tuba, aber erst auf kurze Distanz die hohen Töne der Klarinette zu hören sind. Gute Trommelplätze sind meist rar im Spechtrevier. Ein geeigneter Klangkörper gehört zusammen mit den Höhlenbäumen zu den zentralen Requisiten. Reviere, in denen sich Gebäude oder gar Ortschaften befinden, bieten daneben auch künstliche Trommelplätze mit besonders guten Klangeigenschaften. Feuerwehrsirenen, Parabolspiegel von Satellitenempfängern, Dachrinnen oder Blechkuppeln von Kirchen sind resonanzstarke und damit Respekt einflößende Trommelplätze. Das Trommeln gehorcht artspezifischen Mustern. Es lässt sich nach Dauer, Schlagfrequenz und Lautstärke den Arten

Bei der Balz kommt es zu langen und geräuschvollen Auseinandersetzungen zwischen zwei Rivalen. Dabei findet ein ritualisiertes Kräftemessen statt.

eindeutig zuordnen.[5] So erzeugen Schwarzspechte lange Trommelserien von 2,5 Sekunden Länge und durchschnittlich 43 Schlägen,[10] Buntspechte trommeln nur 0,6 Sekunden mit kaum mehr als 10 vernehmbaren Schlägen.[5]

Spechte besitzen zudem ein umfangreiches Repertoire an Rufen bzw. „Balzgesängen". Sie dienen ebenfalls zur Reviermarkierung und um potenzielle Partner anzulocken. Beim Grün- und Mittelspecht ersetzen sie das Trommeln fast gänzlich. Kleinspechte versuchen ihre Partner durch ausdauernde Ki-Ki-Rufe anzulocken.[5] Die quäkenden Laute des Mittelspechtes, die weitreichenden Rufreihen des Grünspechts und die klagenden Kwih-Rufe des Schwarzspechtes gehören wie das Trommeln der Spechte zur akustischen Frühjahrsatmosphäre unserer Wälder.

Ritualisierte Balz

Die Werbung der Geschlechter hat bei vielen Arten den Charakter einer Drohbalz.[9] Besonders beim Bunt- und Dreizehenspecht schwanken sowohl Männchen als auch Weibchen zwischen dem Bedürfnis, ihr Revier zu verteidigen, und dem Verlangen, einen Partner zu gewinnen, hin- und her. Entsprechend ambivalent verlaufen die ersten Begegnungen der potenziellen Partner. Dabei wird das Weibchen oftmals vom Männchen attackiert. Gemeinsames Trommeln oder vereintes Verjagen eines Eindringlings verringern diese Aggressionen und stärken den Zusammenhalt.

Die Partnerwerbung bei Spechten verläuft turbulent und hat Elemente einer Drohbalz.

Da die sexuelle Synchronisation der recht aggressiven Einzelgänger relativ lange dauert, kann man das Trommeln von Januar bis weit in den April hören. Ebenso finden zu dieser Zeit rasante Verfolgungsjagden sowohl im Flug als auch kletternd entlang von Stämmen statt. Ein vom Männchen ausgeführter langsamer Flatterschwebflug mit hochgestelltem Schwanz und flachen Flügelschlägen stellt bei vielen Arten ein Beschwichtigungsritual dar.

Spechte sind unter Laien die bekannteste Vogelfamilie.[139] Dies ist vor allem auf das unverwechselbare Aussehen und das häufige Vorkommen des Buntspechtes zurückzuführen. Sowohl Körperform als auch die Gefiederfärbung mit den leuchtend roten Unterschwanzdecken und Flanken prägen sich bei ornithologischen Laien gut ein. Die Männchen aller unserer Spechtarten weisen eine Rotfärbung (mit Ausnahme der Gelbfärbung beim Dreizehenspecht) am Kopf und zum Teil am Bauch auf. Vor allem die Signalfärbung am Kopf leistet bei rivalisierenden Männchen zusammen mit Drohgebärden einen wichtigen Beitrag zur innerartlichen Kommunikation. Die roten Hauben werden während einer solchen Streitigkeit möglichst weit abgespreizt und so noch besser zur Geltung gebracht. Neben dieser Art der Körpersprache gibt es auch regelrechte Schaukämpfe. So sitzen sich rivalisierende Weißrückenspechte auf einem Ast gegenüber und drohen einander mit überstrecktem Nacken und ihren Schnäbeln. Dabei wirken sie wie Schwertkämpfer kurz vor der Auseinandersetzung.

Ein besonders eindrucksvolles Schauspiel ist das ritualisierte Drohverhalten konkurrierender Schwarzspechtmännchen. Mit lautem Kjäh-Rufen fliegen sie einen Stammfuß an. Dann jagen sie sich in Spiralen den Baumstamm entlang nach oben. Sie halten dabei immer wieder inne, sträuben die Federhauben und stoßen gleichzeitig mit den Schnäbeln in die Luft. Beide Rivalen wirken aufs Äußerste erregt, wiegen den Körper in eckigen Bewegungen hin und her, bis die Verfolgung stammaufwärts weiter geht. Bis zu einer Stunde kann ein solcher Schau- oder Kommentkampf dauern. Dabei präsentieren sie immer wieder ihre rote Federhaube, begleitet von einem schwachen, drohenden rü-rür-Ruf. Das Rot im Kopfgefieder und die ruckartigen Bewegungen lösen beim gleichen Geschlecht Aggressionen aus. Zudem werden zur Einschüchterung des Gegners markante Flugmanöver mit auffällig gespreizten Flügeln und lauten Fluggeräuschen durchgeführt. [126]

oben: Im Frühjahr kommt es bei Buntspechten während Auseinandersetzungen mit Rivalen, aber auch bei der Balz, zu geräuschvollen Flatterflügen.

unten: Direkte Kämpfe sind selten. Meist werden die Streitigkeiten mittels Drohgebärden und akrobatischen Flugmanövern ausgetragen.

Auch Spechtweibchen markieren den Kern ihres Streifgebietes durch Trommeln und Rufen. Damit nehmen sie ein Gebiet für sich in Anspruch, um lästige Nahrungskonkurrenten auszuschließen. Beim Buntspecht, in abgeschwächter Form auch beim Mittelspecht, gibt es sogar eine regelrechte Rollenumkehr, indem die Männchen bestmögliche Brutterritorien besetzt halten und die Weibchen während der Balz aktiv um die Männchen mit dem besten Besitz kämpfen. Dabei gehen meist die älteren Weibchen mit Bruterfahrung als Sieger hervor. Damit lässt sich erklären, warum die Weibchen dieser Arten ebenfalls signalrote Unterschwanzdecken besitzen. [65]

Ritualisiertes Drohen lässt sich auch bei Grau- und Grünspecht beobachten. Ertönen die Rufe eines Eindringlings, richtet sich das revierinhabende Männchen demonstrativ auf und sträubt Kopf- und Nackengefieder. Stier-

Die Kopula bei Spechten findet bevorzugt auf leicht waagrechten Ästen statt. Das Weibchen beendet den Tretakt, indem es sich vom Ast abstößt.

nackenpose wird diese Haltung treffend im Fachjargon genannt. Bei weiterer Annäherung beginnen die Rivalen durch monotone Pendelbewegungen das Rot der Kopfplatte und der Wangen zu präsentieren. Hilft auch dieses Ritual nicht, kommt es in letzter Konsequenz zu Hackkämpfen.

Ganz ähnlich verhalten sich auch künftige Partner zu Beginn der Paarbildung. Allerdings wird das aggressiv motivierte Drohpendeln in diesem Fall immer mehr durch Schwenken mit gesenktem Kopf entschärft. Bei Grün- und Grauspecht lässt sich sogar Balzfüttern beobachten, was die Distanz abbaut und die Paarbindung stärkt. Bei anderen Spechtarten ist dieses ansonsten im Vogelreich weit verbreitete Verhalten bisher nicht bekannt.

Auch in jüngster Zeit wurden überraschende Details aus dem Familienleben der Spechte entdeckt. So wurde mithilfe der Radiotelemetrie und durch DNA-Analysen bereits bei mehreren Spechtarten nachgewiesen, dass sich Weibchen während einer Brutsaison mit zwei Männchen verpaaren. Mit dieser Strategie soll erreicht werden, dass trotz hoher Brutverluste und geringer Lebenserwartung möglichst viele Nachkommen großgezogen werden. Gerade im Bereich der Fortpflanzungsbiologie konnten durch neue genetische Untersuchungsmethoden viele spannende Erkenntnisse gewonnnen werden. Dabei zeigt sich, dass die starre Einteilung in monogame und polygame Arten oft nicht mehr haltbar ist. Allgemein gilt: Je nach Kondition, Partnerangebot und Situation paaren sich Individuen mit mehreren Partnern. Weibchen, die sich mit zwei Männchen paaren, streuen das Risiko und produzieren mehr Nachkommen.

Grau- und Grünspecht zeigen bei der Annäherung eines Rivalen die typische Stiernackenhaltung in Verbindung mit einer Pendelbewegung.

Die Baumhöhle

Sie ist eine begehrte Kleinstruktur in bewirtschafteten Wäldern von zentraler Bedeutung. Rund 40 Vogelarten, von Meisen bis zum Habichtskauz, rund 20 Säugetiere, von Mäusen und Fledermäusen über Bilche bis zu Baummardern und Wildkatzen, und mehrere hundert Insektenarten bewohnen diese Struktur.[141] Sie dient als Aufzuchtstätte, als Winterquartier, als Vorratslager oder als Schlafplatz für den Tag oder die Nacht. Doch es müssen keineswegs nur Spechthöhlen sein. Eigene Untersuchungen in einem Buchenurwald der Westkarpaten im Semenic Nationalpark in Rumänien zeigen es, ähnlich wie in polnischen Urwäldern: Faulhöhlen sind sehr viel häufiger als Spechthöhlen.

In bewirtschafteten Wäldern kehrt sich das Verhältnis jedoch um. In diesen Wäldern machen Spechthöhlen zwischen 60 und 72 % der Höhlen aus.[141] Hier sind sie das wichtigste Mikrohabitat für Vögel und Kleinsäuger. Gerade weil in Mitteleuropa 95 % der Wälder Wirtschaftswälder sind, kommt den Spechten eine große Bedeutung zu. Dabei steigt die Zahl mit dem Alter und der nachlassenden Baumvitalität an. Sind Bäume jünger als 60 bis 80 Jahre, findet man kaum eine Höhle an ihnen, während in über 300- jährigen Buchen- oder Eichenbeständen nahezu jeder Baum eine Höhle trägt. Deshalb variiert die Höhlendichte je nach Baumart und Bestandsalter von 1 Höhle bis zu 100 Höhlen pro Hektar. Doch solche Extremwerte sagen wenig aus. Die minimale Dichte an Spechthöhlen, die im Wirtschaftswald nicht unterschritten werden sollte, wird von polnischen Wissenschaftlern für über 100-jährige Laubwälder mit 4 bis 6 und für Nadelwälder 2 bis 5 pro Hektar angegeben.[141] Über dem Schwellenwert von 4 Höhlen verdoppelt sich die Artenzahl der Höhlenbrüter.

Höhlenbäume entstehen bereits in relativ jungen Beständen, wenn pilzbefallene oder abgestorbene Bäume vorhanden sind.

Der Höhlenbau

Die „selbstgezimmerte Baumhöhle“ ist ein sehr altes Erfolgsmodell, die älteste bekannte Spechthöhle entstand vor 50 Millionen Jahren. In einem versteinerten Fragment eines Baumstammes aus der Sonora-Wüste in Mexiko entdeckte man diese Nisthöhle einer Spechtart aus dem Eozän, die sich von den Behausungen heutiger Spechte kaum unterscheidet.[60] Tatsächlich hat eine Spechthöhle mehrere Vorteile. Die Windruhe im Inneren wirkt sich positiv auf den Wärmehaushalt der Jungvögel aus. Dadurch vermindert sich die Verdunstungskälte, die mit zunehmender Windstärke exponentiell ansteigt und energiezehrend ist. Ein Höhleneingang in mehreren Metern Höhe schützt vor Bodenfeinden wie Katze oder Fuchs. Ein möglichst kleiner Eingang schließt zudem kletternde Arten wie den Baummarder aus und auch den Habicht, der so nicht bis auf den Höhlengrund fassen kann. Im großen Durchschnitt sind 80 bis 90 % aller Spechtbruten erfolgreich.[77] Das ist enorm hoch im Vergleich zu lediglich 45 % bei Freibrütern, bei denen mehr als jede zweite Brut verloren geht.[123]

Spechte halten meist mehrere Höhlen intakt und reinigen sie, wie hier, von alten Meisennestern und entfernen den Wundkallus um den Höhleneingang.

Nur wenige Vogelarten sind in der Lage, Baum- oder Erdhöhlen zu bauen. In der mit den Spechten nahe verwandten Ordnung der Rackenvögel sind es Bienenfresser und Eisvögel, die Erdröhren in Steilwände graben. Weltweit gibt es sogar mehrere Spechtarten, wie den Feldspecht in den Anden oder den Grundspecht in Südafrika, die in selbstgegrabenen Erdhöhlen ihre Jungen aufziehen. Unter den heimischen Singvögeln findet man diese Art des Nestbaus nur bei der Uferschwalbe. Es gibt aber auch zwei Singvogelarten in unseren Wäldern, die Baumhöhlen anlegen: die Weiden- und die Haubenmeise.

Die auffälligen Holzspäne hat eine Haubenmeise mit etwas Abstand zum Höhleneingang abgelegt. Neben ihr hat von unseren Meisenarten nur noch die Weidenmeise die Fähigkeit Höhlen in morsche Bäume zu bauen.

Wegen ihrer geringen Körpergröße und ihrer zierlichen Schnäbel können sie nur weiches, bereits morsches Holz von Weide, Pappel oder Birke bearbeiten. Dabei stehen Birkenstümpfe in der Beliebtheitsskala ganz oben, weil die elastische und ziemlich verwitterungsbeständige Borke der Birke selbst stark vermoderten Stämmen noch eine beachtliche Stabilität verleiht. Es ist erstaunlich, welche langen Späne entstehen, wenn Haubenmeisen Höhlen bauen. Sie transportieren diese im Gegensatz zu Spechten ab und lassen sie unweit der Bruthöhle fallen, wo sich auffällige Spänehaufen bilden. Da die Meisen sich während der Bau- und Brutphase besonders heimlich verhalten, um den Stand-

Grauspechtmännchen bauen oft Höhlen an morschen Laubholzstämmen und machen mit dem fulminanten Auswurf auf sich aufmerksam.

ort ihres Nestes nicht zu verraten, dauert es mitunter eine ganze Weile, bis man die Höhle, meist in dünnen, faulen Bäumchen, entdeckt.

Allerdings bauen weder Hauben- noch Weidenmeise eine ähnlich exakt geformte Höhle, wie wir es von unseren Spechten kennen. Den beiden Meisenarten geht es nur darum, einen halbwegs passenden Hohlraum zu schaffen, in dem sie dann ihr Nest aus Moos und Haaren einpassen können. Spechte haben „genauere Vorstellungen" bezüglich des Bauplanes ihrer Höhlen, die sie nicht mit zusätzlichem Nistmaterial ausstatten. Sie polstern lediglich die Brutmulde mit feinen Spänen aus.

Unsere kleineren Spechte nutzen für den Höhlenbau oft abgestorbene Bäume, die schon ziemlich morsch sind. Hierin unterscheiden sich etwa die Ansprüche des sperlingsgroßen Kleinspechtes nicht wesentlich von denen der Hauben- oder Weidenmeise.[49] Auch er benötigt weiches, leicht zu bearbeitendes Holz, um seine Brut- und Schlafhöhlen anzulegen. Diese Höhlen in Leichtbauweise sind nicht dauerhaft und eignen sich meist nur für eine Brutsaison. Der grundsätzliche Bauplan der Höhlen ist den Spechten angeboren.

Höhlen nach Maß

Bei den genauen Maßen der Höhlen gibt es erhebliche Abweichungen.[94,33] So kann die Tiefe einer Kleinspechthöhle von 10 bis 18 cm, bei Schwarzspechten von 31 bis 55 cm betragen. Der Durchmesser der Höhlen variiert dagegen in

Ein Grauspechtpaar an der Nisthöhle während der Phase des Höhlenbaus.

engeren Grenzen. So beträgt der Höhlendurchmesser bei Kleinspechthöhlen 10 bis 12 cm, bei Schwarzspechthöhlen 25 bis 30 cm.[33] Klein- und Mittelspechte, aber auch Dreizehenspechte bauen nahezu jedes Jahr eine neue Höhle. Buntspechte nutzen dagegen bei ausreichendem Höhlenangebot vielfach bereits bestehende Höhlen. Wenn Nachnutzer wie Meisen, Siebenschläfer oder Stare darin gebrütet bzw. gewohnt haben, säubert das Buntspechtpaar die Höhle von altem Nistmaterial und polstert anschließend den Höhlenboden wieder mit Holzspänen aus, die sie von den Innenwänden der Höhle gewinnen.

Bei der Wahl eines Höhlenstandortes kommt es in erster Linie darauf an, dass das Holzsubstrat zum Höhlenbau geeignet ist. In welcher Höhe sich die Höhle befindet und in welche Himmelsrichtung der Eingang zeigt, ergibt sich daraus, wird also nicht gezielt von den Spechten in die Standortwahl miteinbezogen.[134] So kommt es auch vor, dass der größere Bunt- oder Mittelspecht die Höhle eines Kleinspechtpaares in Besitz nimmt und diese dann entsprechend den eigenen Bedürfnissen ausbaut. Ebenso können kleinere Schlafhöhlen bei Bedarf zu Bruthöhlen ausgebaut werden.

Vor allem Erdspechte und der Schwarzspecht nutzen ihre Höhlen häufig über mehrere Jahre. Das kann aber mit längeren Unterbrechungen geschehen, wie Nutzungsgeschichten Jahrzehnte alter Schwarzspechthöhlen zeigen.[64] Spechte folgen beim Bau ihrer Höhlen keinem starren Muster. Je nach Situation wählen sie den Weg des geringsten Aufwandes, was einmal mehr ihre

Grauspechtmännchen beim Höhlenbau. Immer wieder lugt es aus der Höhle, besonders wenn das Weibchen in der Nähe ist.

Fähigkeit unterstreicht, auch mit komplexen Aufgabenstellungen fertigzuwerden.

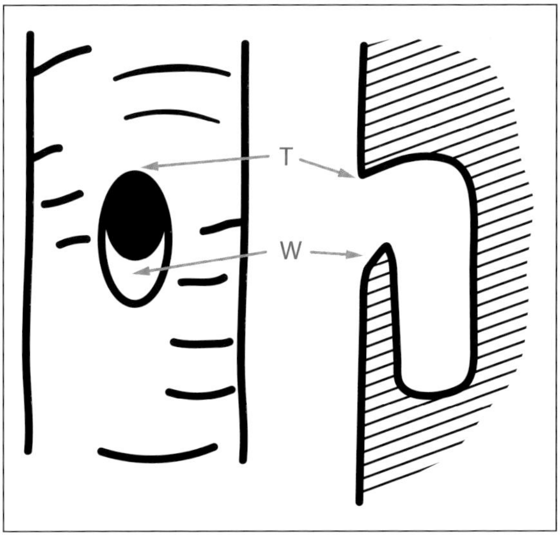

Schwarzspechte arbeiten mit einer Tropfkante (T), wo sich das Wasser sammelt und einem Wasserablauf (W) am Höhleneingang. So wird verhindert, dass Wasser in die Höhle läuft und die Jungen ertrinken. Zeichnung nach Meyer & Meyer 2001.

Die gemeinsame Arbeit an der Höhle stellt einen wichtigen Beitrag zur Partnerbindung dar. Sie erhöht die Vertrautheit zwischen den Partnern und übt wichtige Verhaltensweisen wie die Brutablösung ein. An der Höhlenbaustelle treffen sich die Partner und wechseln sich bei der Arbeit ab. Im Regelfall leistet das Männchen den weitaus größeren Teil der Arbeit. In der Nähe des künftigen Brutplatzes finden auch die ersten Kopulationen statt. Dazu fliegt das Weibchen auf einen waagrechten Ast in der Nachbarschaft und fordert das Männchen mit Rufen und Pendelbewegungen (bei den Erdspechten und dem Schwarzspecht)[10] oder abgespreizten, zitternden Flügeln (bei den Buntspechten)[9] zur Paarung auf. Die fertige Höhle wird z. B. beim Schwarzspecht vom Männchen entsprechend mit leisen Dohlenrufen und leichtem Klopfen am Höhleneingang dem interessierten Weibchen präsentiert. Dabei kann es durchaus zu Nachbesserungen und Änderungen durch das Weibchen kommen, immer unter den Augen des werbenden Männchens.

Die Entstehung der Schwarzspechthöhle

Fasziniert stehen wir vor einer säulenartigen Buche. Kurz unter des Kronenansatzes befindet sich eine Schwarzspechthöhle, die sich als dunkler Fleck vom grauen Buchenstamm abzeichnet. Sofort taucht die Frage auf, wie der Schwarzspecht wohl seinen Höhlenbaum auswählt? Ist er tatsächlich in der Lage, seine Höhle in eines der härtesten heimischen Hölzer zu zimmern?

Eine Schwarzspechthöhle weist mehrere interessante Details auf. Der hochovale Eingang ist mit rund 13 cm an der längsten Stelle auffällig groß, was aber bei der größten Spechthöhle in der gesamten Paläarktis nicht sonderlich überrascht. Dass aber der Höhleneingang am oberen Rand eine Tropfkante aufweist und am unteren Rand sogar angeschrägt ist, um allerdings zu verhindern, dass am Stamm ablaufendes Regenwasser in die Höhle gelangt, ist dann doch ein eher unerwartetes Detail. Um diese Funktion dauerhaft zu gewährleisten, muss der Specht den Kallus um den Eingang, den der Baum immer wieder ausbildet, regelmäßig entfernen.

Besonders interessant erscheint aber die Auswahl des Höhlenbaums und wie die Höhle letztlich entsteht. Vergleicht man die Holzdichte an vom Schwarz-

Schwarzspechte zimmern ihre Höhle nicht in kerngesunde Buchen, sondern sie nutzen Bäume mit weichem, kernfaulem Holz. Dabei wählen sie meist den kürzesten Weg in den Stamm. Um den harten Splint zu überwinden, legen sie Initialhöhlen an. Dies lässt sich mit einem Messgerät für Holzhärte nachweisen.

specht angeschlagenen Initialhöhlen mit in der Nachbarschaft stehenden Buchen gleichen Alters, Dimension und sozialer Stellung ohne Spechtanschlag zeigt sich, dass 94 % der Buchen mit Höhlenanfängen eine Fäule im Stamminneren trugen, jedoch nur 20 % der Vergleichsbäume. [137] Schwarzspechte wählen also Buchen mit einem Fäuleansatz als Höhlenbaum aus. Sie suchen offenbar regelmäßig die stärksten Buchen am Kronenansatz nach solchen Faulstellen ab, die sie wahrscheinlich akustisch über Hackgeräusche erkennen. Diese Fähigkeit ermöglicht es dem Schwarzspecht den kürzesten Weg zur Fäule zu wählen und so Zeit und Energie zu sparen, die er später für die Brut und die Jungenaufzucht dringend braucht.

Um an den leicht bearbeitbaren „Kern" zu gelangen, muss der Schwarzspecht den intakten Splint überwinden. Hierzu legt er regelmäßig Intitialhöhlen von wenigen Zentimetern Tiefe an. Der noch harte Splint wird so über die Jahre durch Pilze zersetzt. Dadurch wird das Holz leichter bearbeitbar. Bei einem Test zwischen frisch bearbeiteten und älteren Initialhöhlen erwiesen sich die älteren als signifikant weicher. Den noch harten Splint überwindet er folglich mithilfe Holz zersetzender Pilze, die über mehrere Jahre das Holz abbauen und es damit für ihn leichter bearbeitbar machen. Die Pilze des Stamminneren besiedeln den Wasser führenden Splint dagegen nicht. Die Initialhöhlen und Baustellen sind folglich ein fester Bestandteil der mittelfristigen Höhlenbaustrategie. Diese Stellen kontrolliert und bearbeitet der Schwarzspecht oft über mehrere Jahre, ja sogar generationenübergreifend. Manchmal geraten die alten Höhlenanfänge auch in Vergessenheit, aber in der Regel entsteht dort eine neue Höhle. [137]

Langfristiger Höhlenbau

Häufig dauert es fünf Jahre und mehr, bis wieder ein Schwarzspecht die Stelle bearbeitet und vielleicht zu einer Höhle ausbaut. Je nach Waldgebiet ergaben sich 1,5 bis 3,2 fertig gestellte Schwarzspechthöhlen und 0,06 bis 1 Initialhöhle pro 100 ha. Pro Jahr entsteht auf einer bewirtschafteten Waldfläche von 1000 ha also höchstens eine neue Höhle. Bezogen auf ein Schwarzspechtrevier baut ein Paar im Schnitt nur alle 5 Jahre eine neue Höhle aus (je nach Beobachtungsgebiet schwankt diese Zahl zwischen 3 und 10 Jahren). Der Höhlenbau ersetzt aber nicht nur alte unattraktive Höhlen, er ist auch

An dieser kernfaulen Buche hatte der Schwarzspecht bereits 2007 Initialhöhlen angelegt. Erst fünf Jahre später wurde dann die oberste Höhle ausgebaut.

ein wichtiger Teil des Balzrituals. Dennoch stellt im Durchschnitt ein Schwarzspecht nicht mehr als ein bis zwei Höhlen im Laufe seines Lebens fertig. [137]

Höhlen mit langer Lebensdauer

Obwohl die vom Schwarzspecht gewählten Höhlenbäume in aller Regel Fäulen tragen, sind diese Stämme erstaunlich bruchsicher, denn beim Höhlenbau bleibt eine entsprechend dicke Wandung stehen, womit der Stamm ähnlich stabil bleibt wie eine Röhre. Das ist auch der Grund, warum im Vergleich die stärkeren Bäume gewählt werden. Die Fäulen werden zum Teil vom Baum eingekapselt und verlangsamen ihr Wachstum. So bleiben Höhlenbäume des Schwarzspechts über Jahrzehnte erhalten, wie Untersuchungen von Wilhelm und Brigitte Meyer an über 500 Bäumen zeigen. [64] In 30 Untersuchungsjahren fiel nur 1% der Höhlen dem Sturm zum Opfer. Werden sie zunächst als Brutbäume genutzt, dienen sie später als Schlafhöhlen und stehen dann Nachnutzern wie Raufußkauz, Dohle und Hohltaube zur Verfügung.

Der Schwarzspecht wählt also gezielt starke, dominante Buchen mit langen astfreien Schäften aus. Je höher die Höhle liegt, umso sicherer scheint sie vor den Zugriffen des Baummarders zu sein, was wir in einer aktuellen Studie untersuchen. Die mittlere Höhe des Höhleneingangs lag bei unseren Proben bei 12 m, im Durchschnitt mindestens 2 m vom Kronenansatz entfernt. Bei einem Höhlenbau fliegt er diese potenziellen Brutbäume gezielt an und testet sie auf Fäuleansätze. Findet er eine erfolgversprechende Stelle, beginnt er eine Initialhöhle anzulegen, die aber nur wenige Zentimeter in den Stamm reicht.

Der Höhlenbau ist überwiegend Sache des Männchens. Das auffällige Auswerfen der Späne ist Teil des Balzverhaltens.

Spechte und Pilze – eine Gemeinschaft?

Gibt es eine Symbiose zwischen Spechten und Baumpilzen? Und wenn ja, wie eng spielen sie beim Höhlenbau zusammen? Diese Frage untersuchten amerikanische Ornithologen in einem umfangreichen Freilandexperiment am Kokardenspecht.[55] Abstriche von den Federn gefangener Spechte zeigten, dass die Pilzgemeinschaft am Federkleid und an den von den Spechten angelegten Höhlen identisch war. Dann legten die Forscher eigene, im Durchmesser 5 cm große Initialhöhlen mit sterilen Bohrern an. Die eine Hälfte der menschgemachten Initialhöhlen blieb dann für die Spechte zugänglich, während die andere Hälfte durch ein Drahtgeflecht für die Spechte verschlossen blieb. An allen zugänglichen Wunden konnte später Spechtaktivität nachgewiesen werden – das bedeutet, dass Baumwunden auf Spechte besonders anziehend wirken. Die zugänglichen Proben waren entsprechend von ähnlichen Pilzgemeinschaften besiedelt wie die natürlicher Initialhöhlen des Kokardenspechts. Die unzugänglichen Proben dagegen unterschieden sich erheblich. Es macht also einen großen Unterschied ob Spechte eine Höhle anlegen oder nicht. So zeigte sich, dass Spechte als Ökosystemingenieure direkt die Pilzbesiedelung am lebenden Stamm beeinflussen und unmittelbare Wirkung auf deren Verbreitung haben. Insgesamt wurden bei dieser Untersuchung 17 Pilzgruppen nachgewiesen, wovon 14 holzzersetzend waren. Spechte spielen nach diesen Ergebnissen also auch eine wichtige Rolle für die Verbreitung von Pilzgemeinschaften in Waldökosystemen.

An Kokardenspechten konnten amerikanische Forscher zeigen, dass Spechte direkt die Pilzgemeinschaft an ihren Höhlenbäumen beeinflussen.

Spechte sehen, wie die meisten Vögel auch, im ultravioletten Bereich. Am Beispiel des nahe mit dem Schwarzspecht verwandten Helmspechtes konnten Forscher zeigen, dass dies unmittelbar auf Stellen mit besonderer Pilzzersetzung hinführte.[72] Die UV-Wahrnehmung half dem Specht damit, bei der Nahrungssuche rasch vielversprechende Stellen am Stamm zu identifizieren. Auch das ist ein Beispiel für das enge Zusammenspiel von Specht und Pilz am Lebensraum Baum. Inwieweit auch der Geruch eine Rolle spielt um geeignete Fraßplätze zu finden ist bislang noch unbekannt.

Der frühe Vogel fängt den Wurm

Bei der Auswertung der Fotofallenbilder von Schwarzspechthöhlen fiel auf, dass die Jungvögel von Paaren, die ihre alten Höhlen nutzen, von Jahr zu Jahr früher ausfliegen. Im Durchschnitt der alten Höhlen waren dies 5 Tage. Eine Untersuchung aus polnischen Buchenwäldern fand heraus, dass die Überlebensrate in den alten Höhlen höher war als in den neu angelegten.[58] Der Grund scheint zum einen zu sein, dass ältere Höhlen mehr Platz haben, da sie etwas weiter ausgebaut oder ausgefault sind. Hier gab es weniger Gedränge. Ein weiterer Grund könnte darin liegen, dass die Altvögel weniger Energie für den Höhlenbau benötigten, am Anfang länger das Gelege wärmen konnten und nicht so häufig auf Nahrungssuche gehen mussten.

Es kommt häufig vor, dass ein Spechtpaar die auserkorene oder gerade fertig gestellte Bruthöhle an Höhlenkonkurrenten verliert. Besonders umkämpft sind die geräumigen Höhlen des Schwarzspechtes, die z. B. von Raufußkauz und Hohltaube genutzt werden. Aber auch Stare und Sperlinge sind durchsetzungskräftige Höhleninteressenten, die regelmäßig Bunt- und Kleinspechten ihre Bruthöhlen erfolgreich streitig machen. Dann gilt es, innerhalb kurzer Zeit eine Ersatzhöhle zu zimmern.

In einer solchen Situation können Höhlen in weniger als zwei Wochen, in Extremfällen sogar innerhalb einer Woche, komplett geschaffen werden. Dieser Schnellbau geht jedoch auf Kosten der Qualität. Der Eingang ist

Am Fuß des abfliegenden Schwarzspecht-Männchens hängt eine Eischale, was beweist, dass dieser extrem dünne Erlenstamm in einem polnischen Urwaldgebiet als Bruthöhle genutzt wurde. Dies unterstreicht die Plastizität des Schwarzspechtes bei der Wahl des Höhlenbaums.

Während des Höhlenbaus beobachtet das Männchen immer wieder die Umgebung.

rau, das Einflugloch nicht oval bzw. rund und die Höhle innen oft recht klein.[9] Etwa die Hälfte der Arbeitszeit entfällt dabei auf die Außenbauphase, während der der Specht, an den Stamm geklammert, den Höhleneingang und den oberen Teil der Höhle anlegt. Dies ist ein besonders gefährlicher Bauabschnitt, weil sich während des Hackens Flugfeinde wie Sperber und Habicht leicht unbemerkt nähern können. Deswegen sichern die Spechte nach wenigen Anschlägen aufmerksam nach allen Richtungen.

Die beim Zimmern entstehenden Späne werden schwungvoll ausgeworfen. Dies scheint auch einen gewissen Signalcharakter zu haben, da es fast schon mit übertriebenem Elan geschieht. Erst wenn der Specht allmählich in der Höhle Platz hat, ist er weniger gefährdet. Doch auch während der Innenbauphase wird intensiv gesichert, indem Kopf und Hals weit aus der Höhle gestreckt und nach allen Richtungen gespäht wird, um Feinde oder Rivalen zu entdecken. Beim Bau einer Schwarzspechthöhle in einem Buchenstamm können über 10.000 Späne ausgeworfen werden, die sich am Stammfuß sammeln und eine Zeit lang durch ihre helle Färbung auffällig sind. Sobald die Höhle ausreichend Platz bietet, übernachtet das Männchen in ihr, um sie vor Konkurrenten zu schützen. Doch jede Höhle verliert früher oder später ihre Eignung als Bruthöhle – zumindest für Spechte. Das ist etwa der Fall, wenn beispielsweise ihr Boden sich mit Wasser füllt oder das Höhlendach ausfault. Das ist die Chance für weitere, weniger durchsetzungskräftige Nachnutzer.[134]

Untersucht man eine solch betagte Höhle finden sich verschiedenste Spuren unterschiedlicher Nachmieter. Während Spechte auf dem blanken Höhlenboden brüten, allenfalls mit ein paar Spänen gepolstert, legen die meisten der Folgearten ein weich gepolstertes Nest an. Besonders typisch sind die Meisennester mit ihrem hohen Moosanteil und der Nestmulde aus wärmenden Tierhaaren. Je früher im Jahr die Art brütet bzw. je höher im Bergwald, umso höher ist der Anteil an Wollhaaren. Die für den Nestbau verwendeten Moosarten werden gezielt ausgewählt. Von im Umkreis der Höhle wachsenden Moosen wird fast die Hälfte nie verwendet.[121] Es sind vor allem Laubmoose, die zu 80 bis 90 % die Nester aufbauen. Dabei spielt das Gewicht der Brut eine wichtige Rolle. Die schwereren Kohlmeisen wählen das robustere Moos als Kissen für ihre Brut.[121]

An den großen Öffnungen der Schwarzspechthöhle versuchen immer wieder Greifvögel Junge oder die Elterntiere zu erbeuten. Dabei konnte auch der Mäusebussard (oben) in mehreren Gebieten nachgewiesen werden. In der Dämmerung und nachts sind es der Wald- (Mitte) und der Habichtskauz (unten), die an den Höhlen jagen. Dabei geht aber nicht die ganze Brut, sondern nur Einzeltiere verloren.

Die Wahl des Höhlenbaumes ist für Spechte und ihre Nachmieter von entscheidender Bedeutung. Hiervon hängt maßgeblich ab, ob die Jungen bis zum Flüggewerden überleben und damit die eigenen Gene erfolgreich weitergegeben werden. Höhlenbau ist jedoch mit energetischen Kosten verbunden, besonders wenn man große Höhlen in Hartholz zimmert wie der Schwarzspecht. Solche Großhöhlen sind für eine Vielzahl von potenziellen Nachmietern attraktiv und entsprechend umkämpft. Deren größerer Eingang ermöglicht jedoch auch Beutegreifern einen leichteren Zugang. Haben Schwarzspecht und Hohltaube besondere Strategien, um mit dieser Bedrohung umzugehen? Wer setzt sich unter den Konkurrenten an der Höhle durch?

Höhlen sind entscheidende Kleinstrukturen im Ökosystem Wald. Sie ermöglichen vielen Arten erst ihre Existenz. Viele Studien belegen, dass zahlreiche Arten in Schwarzspechthöhlen brüten. Mit modernen Fotofallen konnten zusätzliche Einblicke in die Lebensgemeinschaft der Höhlen gewonnen werden.

Der Baummarder ist wohl der bekannteste Beutegreifer an Spechthöhlen. Dies spiegelt sich auch in der Literatur wieder. Zahlreiche Arbeiten berichten über diese Marderart als wichtigen Höhlenprädator. Und tatsächlich konnte der Baummarder immer wieder nachgewiesen werden. Dabei kann sich der Marder sowohl von oben, über eine andere Baumkrone, als auch von unten der Höhle nähern. Bei Letzterem nutzt er unter anderem die Naturverjüngung als Kletterhilfe, falls vorhanden und hoch genug, um erst möglichst spät bemerkt zu werden. So kann es ihm sogar gelegentlich gelingen, den Altvogel mit zu erbeuten. Ist die Höhle aber erst einmal ausgeräumt, kehrt er in diesem Jahr nur noch selten zurück – im Durchschnitt gerade 0,7 Mal. Anders ist dies, wenn die Höhle für die Jungenaufzucht genutzt wird, was sehr oft der

Fall ist. Dann werden die Jungen ab einer gewissen Größe in die Höhle übersiedelt und bis zur weitgehenden Selbstständigkeit darin versorgt. [138]

Die Fotofallenstudie zeigte, dass nicht nur der Baummarder an Höhlen jagt, sondern auch regelmäßig einige Tag- und Nachtgreifvögel. [138] Zu den häufigsten Prädatoren zählt der Habicht, der eine völlig andere Strategie verfolgt als der Baummarder. Da er die Jungvögel nicht in der Höhle erbeuten kann (seine Beine reichen nicht bis auf den Höhlengrund), setzt er auf den Überraschungseffekt, um Altvögel beim Anflug oder wartende Jungvögel am Eingang zu erbeuten. Kennt er einmal eine besetzte Höhle, können seine Attacken zu allen Tageszeiten erfolgen – oft mehrmals am Tag und vom Frühling bis in den späten Herbst hinein. Sein langer Stoß macht ihn enorm wendig und mit seinen langen Fängen kann er relativ weit in die Höhle greifen, während er sich mit dem anderen am Eingang festhält. Die Verluste der Höhlenbrüter sind aber dennoch nur partiell und betreffen eher einen Altvogel oder einen unvorsichtigen Jungvogel, aber nicht die gesamte Brut. In Schwarzspechthöhlen ist die Hohltaube die wichtigste Beute, zum einen weil sie mit einem Belegungsprozent von 51 die dominante Art in den Höhlen darstellt, zum anderen weil die zwar im Vergleich zum Schwarzspecht etwa gleichschwere aber einen voluminöseren Körperbau aufweisende Hohltaube sich nur mit Mühe durch den Eingang zwängen kann. Dieses Handicap kann ausreichen, dass sie der Habicht schlägt. Ganz ähnlich ist die Strategie des Mäusebussards. Da dieser aber aufgrund seines kurzen Stoßes und seiner langen Flügel deutlich weniger

Der Baummarder kann ganz in die Höhle eindringen. Oft verursacht er einen Komplettverlust der Spechtgelege.

Adulte Hohltauben werden beim Einschlupf in die engen Höhleneingänge nicht selten vom Habicht erbeutet.

Die Spuren der Taubenrupfung auf dem Stock sind der Beweis für eine erfolgreiche Jagd des Habichts.

wendig ist, versucht er es scheinbar nur bei Nahrungsengpässen, worauf die deutlich selteneren Belege durch Fotofallenbilder hinweisen. Bei offenen Nestern ist der Mäusebussard aber schon länger als wichtiger Beutegreifer bekannt – in Polen gelten Jungvögel während der Ausflugszeit sogar als seine wichtigste Nahrung. Dass Greifvögel gezielt an Höhlen jagen, ist bei uns in Mitteleuropa bis heute bei unseren Greifvögeln eine wenig verbreitete Jagdstrategie. Aus Südamerika weiß man dagegen von der Sperberweihe (*Geranospiza caerulescens*) aus der Familie der Habichtartigen, dass sie ein beweglicheres Intertarsalgelenk besitzt und damit besonders auf Beute in Baumhöhlen spezialisiert ist. Wegen ihrer langen Beine heißt die Art auf Englisch zu Recht auch cranehawk also „Kranichhabicht". In Afrika gibt es zwei Arten, die sich ebenfalls auf Höhlenbewohner und Nester als Jagdnische spezialisiert haben. Sie werden bezeichnenderweise Höhlenweihe (*Polyboroides typus*) bzw. Madagaskarhöhlenweihe (*Polyboroides radiatus*) genannt.

Antiprädationsstrategien

Wie reagiert nun der Schwarzspecht auf diese Bedrohungen? Da der Baummarder schmal genug ist, um in die Höhle einzudringen, bedeutet seine Prädation hundertprozentigen Verlust der Brut. Damit ist er wohl der wichtigste Selektionsfaktor für die Nistplatzwahl des Schwarzspechtes und steht im Zentrum der Feindvermeidung. Wo die Buche vorkommt, ist sie mit Abstand der wichtigste Brutbaum. Hier legt er die Höhle weit oben am astfreien Stamm unterhalb der Krone an, auf circa 10 bis 12 m Höhe. Damit sind die Höhlen schwerer zu entdecken und durch die glatte Buchenrinde schwerer zu erklettern und leichter zu verteidigen. Dass der Waschbär, obwohl in den meisten Gebieten vorhanden, während der gesamten Studie kein einziges Mal nachgewiesen wurde, dürfte wahrscheinlich auch an der glatten Buchenrinde und den sehr hohen Höhlen liegen. Besonders hohe Höhlen (über 15 m) wurden in dieser Untersuchung auch vom Baummarder nie aufgesucht. Ein weiterer Sicherheitsfaktor ist der Abstand der Naturverjüngung zum Höhleneingang. Wird dieser geringer als die halbe Höhlenhöhe, ist diese Höhle für den Schwarzspecht in der Regel nicht mehr attraktiv. Das heißt, dass zum Beispiel eine 12 m hohe Höhle tendenziell nicht mehr zur Brut verwendet wird, wenn die Naturverjüngung eine Höhe von rund 6 m überschritten hat.[138] Ansonsten werden die Höhlen in der Buche aber über lange Zeiträume immer wieder zur Brut oder als Schlafplatz genutzt, zum Teil fünf bis sieben Jahre hintereinander. Besonders die Untersuchungen von Wilhelm Meyer, der in Thüringen über Jahrzehnte reichende Beobachtungsreihen und Langzeitstudien zur Nutzung von Schwarzspechthöhlen durchgeführt hat, haben viel zum Kenntnisstand über Spechthöhlen beigetragen. Dabei zeigte sich beispielsweise, dass diese in der Buche mehr als dreißig Jahre überdauern und von vielen Arten genutzt werden.

Als weitere Anpassung spielt auch die Höhlentiefe eine Rolle gegen die Angriffe von Habicht, Mäusebussard und Habichtskauz. Nur so lässt sich erklären, warum Schwarzspechte energie- und zeitaufwendig eine circa 40 cm tiefe Höhle zimmern – gerade so tief, dass die Krallen der heimischen Greifvögel die Jungvögel nicht erreichen können.

In Skandinavien verfolgt der Schwarzspecht eine andere Strategie. Hier werden Höhlen gerne in die weiche Aspe oder eine kernfaule Kiefer gezimmert. Da die Bäume niedriger und in der Regel aufgrund der kürzeren Vegetationszeit auch schwächer sind, wird die Höhle im Durchschnitt vier Meter tiefer am Stamm angelegt, also nur

Die glatte Buche, mit ihrem langen astfreien Schaft, ist ein besonders sicherer Brutplatz.

Im Frühjahr kämpfen Schwarzspechte und Hohltauben erbittert um die Höhlen.

Diese Hohltaube hat nach einer erfolgreichen Schwarzspechtbrut nach wenigen Stunden die Höhle besetzt.

Hohltauben bauen ein grobes Zweignest und legen pro Brut nur zwei weiße Eier. Hier hat eine Hohltaube das Gelege einer Schellente überbaut.

Junge Hohltauben werden von ihren Eltern über die Kropfmilch mit Nahrung versorgt.

bei rund 6 m Höhe. Das höhere Risiko wird ausgeglichen, indem der Specht jährlich neue Höhlen anlegt und die Brut damit in der Regel schon ausgeflogen ist, bevor der Baummarder die Höhle überhaupt entdeckt.

Anders verhält sich die Hohltaube. Als sekundärer Höhlenbewohner ist sie auf das vorhandene Angebot angewiesen und nutzt auch Höhlen als Brutplatz, die der Schwarzspecht bereits meidet. Als Risikominimierung gegenüber Habichtsangriffen, mag die geringe Fütterungsfrequenz von nur zwei bis drei Mal pro Tag dienen, die unter anderem durch die enorm fettreiche Kropfmilch ermöglicht wird. Nach einer Attacke, so zeigen die Kameras, sinkt die Anflughäufigkeit der Tauben sogar noch für einige Tage, bis sie sich wieder normalisiert. Auch der rasante Abflug beim Verlassen der Höhle bei der

Das Eichhörnchen wollte mit dem Moos wohl ein Nest in der Höhle bauen, doch der Schwarzspecht verteidigt seine Höhle mit dem Schnabel.

Meistens gelingt es dem Schwarzspecht seine Höhle zu behaupten und erfolgreich seine Junge aufzuziehen.

Langohrfledermäuse gelten als Pionierarten, die als erstes neue Spechthöhlen entdecken und ungewollt anderen Arten diese Strukturen zeigen.

Auch Baummarder ziehen regelmäßig ihren Nachwuchs im Schutz von Schwarzspechthöhlen auf.

kleinsten Störung mag eine Feindvermeidungsstrategie sein. Die höheren Verluste werden durch bis zu vier Bruten im Jahr ausgeglichen.

Struktur mit komplexer Bedeutung

Neben der Prädation wirkt sich auch der Konkurrenzkampf um die Höhle auf den Bruterfolg aus. Häufige Störungen können ebenso zu Brutverlusten führen wie der Besuch von Beutegreifern. Hohltauben sind oft schon in Warteposition, bis die Schwarzspechtjungen endlich ausfliegen. An vielen Kameras zeigte sich, dass manchmal schon nach nur einem halben Tag nach Ausflug der Jungspechte die Höhle von Hohltauben übernommen wird. Diese Art ist als Nachnutzer besonders plastisch, was die Ansprüche an die Höhlenqualität angeht. Ausgefaulte oder leicht nasse Höhlen können durch das von ihr eingebaute Zweignest noch genutzt werden. Auch bei höher gewachsener

Bunt- und Mittelspecht gehen gerne in von Holzpilzen vorgeschädigte weichere Stämme. Die Pilzkonsole des Feuerschwamms ist ein Indikator dafür, dass die Fäule schon länger fortgeschritten ist.

Naturverjüngung werden Höhlen noch genutzt, selbst wenn die Kronenspitzen bereits den Eingang erreichen. Als durchsetzungskräftigste Art bei der Konkurrenz um Höhlen erwies sich in der Studie in den meisten Fällen der Schwarzspecht. Gegen Hohltauben war er ebenso regelmäßig erfolgreich wie gegen Eichhörnchen und Raufußkäuze. Lediglich bei Dohlen als Konkurrenten und bei Bienen zieht der Schwarzspecht in der Regel den Kürzeren.

Schwarzspechthöhlen sind Schlüsselstrukturen, die eine komplexe Bedeutung im Waldökosystem haben. Ein wesentlicher Faktor für die Höhlenwahl ist offenbar die Feindvermeidung. Deren Bewertung scheint vor jeder Brut neu zu erfolgen. Grundsätzlich können die Höhlen aber über lange Zeiträume (Jahrzehnte) von einer Reihe von Arten genutzt werden. Damit die Naturverjüngung die Höhlennutzung nicht zu rasch für die Leitarten infrage stellt, sollten Höhlenkomplexe im Altholz besonders lange dunkel gehalten werden. Entsprechend sollten diese Trittsteine nicht zu klein sein (circa 0,5 bis 1 ha), damit nicht durch Seitenlicht vorschnell Buchenverjüngung entsteht, die den Höhlenbaum einwächst.

Wohnraum Spechthöhle

Da Höhlen als Raumstruktur so bedeutend sind, stellt sich die Frage, wie sich deren Anzahl auf die Biodiversität auswirkt: Ab fünf Höhlen je Hektar verdoppelt sich die Zahl der Höhlenbrüter.[56] Ab acht Höhlen je Hektar gelten Wälder als optimale Fledermausquartiere. Ein Übermaß an Höhlen kann es aus ökologischer Sicht nicht geben. Grundsätzlich gilt: die Funktion oder gar die Lebensgemeinschaft einer Höhle wechselt im Laufe der Jahre, ihre Bedeutung bleibt– von der Entstehung bis zum Zerfall.[134]

Erdspechte und der Schwarzspecht bevorzugen eindeutig noch lebende Bäume, wogegen Klein-, Dreizehen- und Weißrückenspecht meist abgestorbene Stämme zur Höhlenanlage nutzen.[114] Diese sind wenig dauerhaft, weil viele der Baumstümpfe - vor allem, wenn sie von Weichlaubhölzern wie Aspe oder Birke stammen- nach wenigen Jahren bereits so stark durch Pilze zersetzt sind, dass sie zusammenbrechen. Zudem werden diese Höhlenbäume von Käferlarven besiedelt und folglich auch von Spechten auf der Suche nach Nahrung bearbeitet. Viele Bruthöhlen werden so stark beschädigt, dass sie für Höhlenbrüter wie etwa Meisen unbrauchbar sind. Halb aufgehackte Höh-

Alte, über mehrere Jahrzehnte ausgefaulte Buntspechthöhlen mit großem Innenvolumen brauchen baumbrütende Mauersegler als Brutplatz. Typisch ist der lange nasenartige Wulst des Höhleneingangs.

len stellen aber immer noch wichtige Brutmöglichkeiten für Halbhöhlenbrüter wie Trauer- und Zwergschnäpper sowie Gartenrotschwänze dar. Auch der Zaunkönig benutzt gelegentlich solche Halbhöhlen zur Anlage seines Kugelnestes. Hornissen sind ebenfalls in der Lage, Halbhöhlen für die Anlage ihres Nestes zu nutzen, indem sie die fehlende Vorderwand durch eigene Bautätigkeit wieder schließen.

Höhlen als umkämpfte Mikrostruktur

Die Höhlen des Kleinspechts werden gerne von Feldsperlingen genutzt, wenngleich diese nur in ortsnahen Obst- oder Parkanlagen zusammen mit ihm vorkommen. Wo dies der Fall ist, sind sie dominierende Höhlenkonkurrenten und können ihn sogar zur Aufgabe des Brutreviers bringen. Dass sich an Spechthöhlen regelrechte Dramen abspielen können, zeigt folgende Schilderung aus Finnland: „Am 25. Mai gewahrte ich beim Kleinspecht XII, als die Spechte ihr Nest beinahe vollendet hatten, dass besonders ein Trauerfliegenschnäpper-Männchen hin und wieder kam, um die Höhle zu inspizieren. Manchmal brachte er auch das Weibchen mit. Wenn der Kleinspecht bei Eintreffen der ungebetenen Gäste zugegen war, versuchte er, dieselben fortzujagen. Am Ende des Monats hatte das Kleinspechtweibchen fünf Eier in das Nest gelegt; aber am 10. Juni hatte der Fliegenschnäpper sein Nest in der Höhle aufgeschlagen. Ende August konstatierte ich, dass das Kleinspechtmännchen angefangen hatte, dieselbe Höhle als Übernachtungshöhle zu benutzen, und fand ihn mehrmals in dieser Höhle. Am Morgen des 3. November nahm ich wahr, dass die Höhle vergrößert war und dass ein Buntspecht, der die Nacht darin verbracht hatte, davon flog. Der Aufenthalt des Buntspechtes in der annektierten Übernachtungsstelle war nicht von langer Dauer, denn am 1. Dezember, als ich wieder dort vorbeikam, hatte ein Sperlingskauz sie als Vorratskammer übernommen und vier Feldmäuse, zwei Waldwühlmäuse, eine Waldspitzmaus und eine Nordische Sumpfspitzmaus darin gespeichert.“ [10]

Der Buntspecht ist die häufigste Spechtart in weiten Teilen Europas. Folglich entstehen die meisten Höhlen durch seine Bauaktivität. [41] Nur dort wo Bäume so alt werden, dass Buntspechthöhlen in Starkästen über Jahrzehnte altern und ausfaulen können, brütet der Mauersegler. Er braucht Nistplätze, die das mehrfache Volumen der ursprünglichen Spechthöhle erreichen, aber doch nur ein kleines Schlupfloch haben. [40] Dies sind die ursprünglichen Brutplätze des Mauerseglers, einer Vogelart, die erst durch das Verschwinden dieser Struktur zum Kulturfolger wurde. Heute bringt man die Art kaum mehr mit Wald in Verbindung. Es gibt nur noch wenige Wälder in Mitteleuropa mit Uraltbäumen, die diese Voraussetzungen bieten und in denen auch heute noch Mauersegler ihre Jungen großziehen. [136] Nicht selten dürften gerade aus solchen, jahrzehntelang von Mauerseglern genutzten Höhlen, die eingangs beschriebenen großvolumigen Mulmhöhlen für den Eremiten hervorgehen.

Ein regelmäßiger Nachnutzer von Buntspechthöhlen ist der Star, [39] vor allem dann, wenn sich die Höhlen unweit offener Kulturlandschaft befinden. Stare sind anspruchslos, was den Höhlenzustand betrifft, da sie mit eingetragenem Nistmaterial bestehende Mängel gut ausgleichen können. Zum anderen können Stare dank ihrer Größe und ihres Aggressionsverhaltens Buntspechte, die ihre Brut rauben wollen, regelmäßig in die Flucht schlagen. In manchen Gebieten fügt der Buntspecht jedoch bestimmten Arten von Höhlenbrütern große Verluste zu. So zeigte eine Studie im polnischen Białowieza-Nationalpark, dass Buntspechte bis zu 40 Prozent der Bruten des Halsbandfliegenschnäppers plünderten. [116] Auffällig oft wurden die Bruten im Nestlingsstadium erbeutet. Beim Nestraub durch Marder oder Mäuse traten die Verluste gleichmäßig über die gesamte Brut- und Nestlingsphase auf. Es drängt sich daher die Frage auf, ob Buntspechte gar gezielt den Zeitpunkt der „Nutzung“ der Fliegenschnäppernester so legen, dass die Ausbeute möglichst hoch ist oder ob die,zum Ende der Nestlingsphase immer lauter werdenden Bettellaute

Stare besetzen sehr häufig Höhlen in Waldrandnähe.

Während die meisten Arten echte Nachnutzer der Schwarzspechte sind, gelingt es Hornissen und Bienen regelmäßig, die Spechte aus ihren Höhlen zu vertreiben .

und die häufigeren Anflüge der Altvögel die Neststandorte zunehmend verraten.

Die verschiedenen Meisenarten vermeiden es wegen dieses drohenden Aderlasses, wann immer möglich, in den Höhlen des Buntspechtes zu brüten. Sie bevorzugen als Gegenmaßnahme besonders kleine Spalten und Nischen, die sich oftmals auch in geringer Höhe am Stammanlauf befinden. Dies wird auch durch eine Langzeitstudie über die Höhlenbrütergemeinschaften an den ungenutzten Steilhängen des im Ostharz gelegenen Naturschutzgebietes Bode- und Selketal bestätigt. [40] In diesen ursprünglichen Eichen- und Buchenwäldern existieren zahlreiche Nischen und unauffällige Faulhöhlen. Dort nisteten nur rund 8% der Meisen in Buntspechthöhlen. Stare, die sich gut gegenüber Buntspechten behaupten können, sind erwartungsgemäß auch in diesem Gebiet regelmäßige Nutzer von Buntspechthöhlen. Im regulär bewirtschafteten Lehrwald der Hochschule Weihenstephan mit nahezu gleicher Baumartenzusammensetzung und ähnlichem Alter brüteten dagegen 20% der Meisen in den risikoreicheren Buntspechtquartieren – wohl aus Mangel an Alternativen. [110] Verkleinert man den Eingang von Buntspechthöhlen, indem man eine Platte mit einem kleineren Einflugloch vorschraubt, so werden die Höhlen deutlich öfter von Meisen angenommen. [61]

Der Buntspecht als Prädator

Der Kleiber kann als einzige Vogelart sogar aktiv den Höhleneingang auf eine ihm gerade ausreichende Größe verkleinern. Dazu fliegt das Weibchen tagelang

Baumbrütende Dohlen kommen meist in Kolonien vor. Sie sind ebenfalls sehr erfolgreich im Behaupten ihrer Quartiere, indem immer jemand die Höhle bewacht. Heutzutage sind Dohlen meist Gebäudebrüter.

Auch Kleiber nutzen gerne Schwarzspechthöhlen, verkleinern aber den Eingang in der Regel mit Lehm, um der Konkurrenz den Zugang zu versperren. Der Name Kleiber kommt von Kleber und bezieht sich auf dieses Verhalten.

zu einer Pfütze oder Wildschweinsuhle, nimmt dort einen Schnabel voll feuchter Erde auf und kehrt damit zu seiner zukünftigen Bruthöhle zurück. Dann mauert es mit den Klümpchen eine dicke Wand, in der es nur einen engen Einschlupf für sich ausspart. Durch diese außergewöhnliche Fähigkeit kann der Kleiber die geräumigen Schwarzspechthöhlen nutzen. Dazu bedarf es aber auch großer Durchsetzungskraft, an der es dem Kleiber ja nicht mangelt, wie man unschwer auch an Winterfütterungen beobachten kann. Dort besetzt er die Futterquelle und lässt keine anderen Besucher zum Zuge kommen. Während der Fotoarbeiten zu obigem Bild schlug der Kleiber sogar ein Schwarzspechtmännchen, das dieselbe Höhle als Bruthöhle auserkoren hatte, mittels zielgerichteter Sturzflüge auf dessen Kopf in die Flucht.

Schwarzspechthöhlen sind bei einer ganzen Reihe weiterer Tierarten äußerst begehrte Unterkünfte. Zu den größten gefiederten Nutzern dieser Höhlen gehören Raufußkauz und Waldkauz. Letzterer hat jedoch oft große Mühen, sich durch das für seine Verhältnisse enge Schlupfloch zu zwängen. Die Hohltaube ist zumindest in bewirtschafteten Wäldern mit wenig vorhandenen Naturhöhlen fast ausschließlich auf die Höhlen des Schwarzspechtes angewiesen. Sie kann auch undicht gewordene oder stark ausgefaulte Höhlen gut nutzen, weil sie im Inneren ein Reisignest baut. Hohltauben fliegen die Höhleneingänge in rasantem Tempo an und schrauben sich förmlich mittels einer ausgefeilten Flugtechnik in Sekundenbruchteilen in den Eingang. Damit versuchen sie, Angriffen durch den Habicht zu entgehen, der diese Bruthöhlen in seinem Revier kennt und des öfteren von einer nahen Ansitzwarte aus versucht, eine unvorsichtige Taube zu erbeuten. Die Anzahl von Schwarzspechthöhlen ist für den Hohltaubenbestand eines Gebietes ein begrenzender Faktor.[130,7] Vor allem im Wirtschaftswald kommen die Großhöhlen des Schwarzspechts in Höhlenzentren konzentriert vor. Die Häufung lässt sich oftmals durch standörtliche Gegebenheiten erklären, da Spechtbäume auffallend oft an Rinnen, Bächen oder staunassen Verebnungen zu finden sind.[134] Durch die gute Wasserversorgung sind an solchen Standorten die Holzzellen überdurchschnittlich groß, was zu einem früheren Pilzbefall des Holzes führen kann. Mit zunehmendem Baumalter verliert sich diese Tendenz zunehmend, weil dann bei immer mehr Bäumen unabhängig vom Standort der Pilzbefall im Stamm einsetzt.

Großhöhlen als Minimumstruktur

In solchen Höhlenzentren brüten Hohltauben in lockeren Kolonien und können mittels Schachtelbruten bis in den Herbst hinein relativ viele Junge großziehen. Dabei beginnt das Weibchen schon wieder zu brüten, obwohl die Jungen der vorherigen Brut noch gar nicht ausgeflogen sind. Deren Betreuung übernimmt das Männchen dann bis zum Ausfliegen alleine. So kann ein Paar innerhalb einer Brutsaison mehr als zehn Junge großziehen.

Auch Dohlen bevorzugen Höhlenzentren des Schwarzspechts für die Gründung von Brutkolonien, wenngleich in Mitteleuropa die im Wald brütende Dohle selten

Neben der Hohltaube ist der Raufußkauz einer der wichtigsten Nachnutzer der Höhlen. Bei direkter Konkurrenz geht meist der Schwarzspecht als Sieger hervor.

Mit der Schellente nutzt sogar ein Wasservogel die Sicherheit der Schwarzspechthöhle. Der Preis dafür ist, dass die Jungen sofort nach dem Schlüpfen aus der hohen Höhle springen und einen langen Weg zum nächsten Gewässer bestehen müssen.

geworden ist. Im Osten Deutschlands führt die Kernfäule der Kiefer (*Phellinus pini*) dazu, dass Schwarzspechte leichter und mehr Höhlen anlegen. Erst durch diesen Höhlenreichtum konnte die baumbrütende Schellente die Oberpfälzer Weiher besiedeln und sich weiter nach Süden ausbreiten. In Skandinavien nutzen Zwerg- und Mittelsäger regelmäßig die Höhlen des Schwarzspechtes als Brutplatz. Diese Abhängigkeit deutet sich auch an, wenn man die Zahl der Schwarzspechtbrutpaare mit der Zahl der Brutpaare (BP) wichtiger Nachnutzer vergleicht. So ergibt sich für ganz Deutschland ein geschätzter Bestand des Schwarzspechtes von 50.000 BP, dem stehen 66.000 BP von Schellente, Hohltaube und Raufußkauz gegenüber. [41]

Ebenso wurden 13 verschiedene Fledermausarten sowie Eichhörnchen, Baummarder, Siebenschläfer und Haselmaus als Bewohner der Großraumhöhlen festgestellt. Wenn Schwarzspechte mehrere Höhlen übereinander anlegen, kommt es im Laufe der Zeit und durch die Wirkung von Pilzen zu einem Durchbruch im Höhlendach. So entstehen aus zwei oder drei Höhlen eine besonders geräumige Großhöhle und eine Sonderstruktur von Seltenheitswert. In solchen Höhlen wurden schon über 900 Abendsegler, eine große heimische Fledermausart, gefunden. [122] Diese Großhöhlen bilden aber auch einen besonderen Lebensraum für holzbewohnende Insekten. So produziert z. B. die kleine braune Wegameise (*Lasius brunneus*) in solchen Höhlen Holzmulm in trockener Zersetzung. Rund 40 Käferarten sind allein mit dieser Art vergesellschaftet. [122] Sie fressen die Beutereste, die Brut, die Ameise selbst oder Milben, die an dieser vorkommen. Auch wilde Honigbienen besiedeln gerne solche alten Schwarzspechthöhlen, mitten in unseren Wäldern. Rund 7 % Höhlen sind von ihnen besiedelt, fand Luis Sikora in Baden Württemberg heraus. Die durch Bienen mit Propolis behandelten Höhlenwände erweisen sich als besonders Pilz resistent und halten lange als Quartier. Die auffälligsten Insekten an den Höhlen sind Hornisse und Honigbiene, die die Höhlen für die Anlage ihrer voluminösen Nester nutzen. Selbst unter optimalen Bedingungen gibt es kaum mehr als sieben Höhlenbäume mit Schwarzspechthöhlen je km^2, meist sind es lediglich zwei bis vier Höhlen. Dies zusammen mit der Tatsache, dass bisher schon 56 Tierarten als Nutzer von Schwarzspechthöhlen erfasst wurden, unterstreicht die enorme Bedeutung dieser Requisiten im Ökosystem Wald. [138]

Auch alle Bilche oder Schlafmäuse schätzen Baumhöhlen zur Jungenaufzucht, wie hier die Haselmäuse, die gerade eine Schwarzspechthöhle inspizieren.

Das Familienleben

Spechte werben lang und brüten spät. Andere kleine Höhlenbewohner, wie die echten Meisen oder der Kleiber, brüten deutlich früher im Jahr,[113] obwohl sich die Nahrung von Meisen und kleineren Spechten während der Jungenaufzucht durchaus ähnelt. Für diesen Unterschied gibt es eine überzeugende Erklärung. Haubenmeisen bauen ein üppig ausgepolstertes Nest, dessen feste Kuhle mit Tierhaaren, Bastfasern und Rindenstücken gut isoliert ist. Die schon im Vorfrühling brütende Haubenmeise ist innerhalb der Familie der Meisen die Früheste und hat deshalb auch das tiefste, dichteste und am besten isolierte Nest. Damit können auch Kälteeinbrüche gemeistert werden.

Spechte legen dagegen ihre Eier lediglich auf eine Unterlage aus Holzspänen, die nur wenig isoliert.[84] Zudem haben Meisen eine viel höhere Zahl an Nachkommen pro Gelege als Spechte. Sind es bei Meisen oft sogar über zehn Jungvögel, so ist es bei Spechten durchschnittlich nur die Hälfte je Brut. Je mehr Junge sich aber in einem Nest befinden, desto geringer ist der relative Wärmeverlust, umso weniger Energie braucht der einzelne Jungvogel für den Erhalt seiner Körpertemperatur aufzuwenden. Durch den späteren Brutbeginn ab Mitte April wird dieser „Schwachpunkt“ ausgeglichen

Die Eier der Spechte schimmern reinweiß und sind stark glänzend. Tarnung haben sie im Dunkel der Höhle nicht nötig. Wie Hühner legen Spechte während der Legephase täglich ein Ei, was in der Regel in den Morgenstunden geschieht. Dabei produzieren sie grundsätzlich so lange, bis die arttypische Gelegegröße erreicht ist - man spricht von determinierten Legern. Wie stark manche Spechtarten auf die offensichtlich genetisch festgelegte Gelegegröße fixiert sind, zeigt der Versuch eines amerikanischen Forschers an einem Goldspechtweibchen (*Colaptes aurata*). Täglich entfernte er das frisch gelegte Ei und ganze 70 Mal legte es nach.[3]

Spechte legen ihre Eier nur auf Holzspäne. Dieses Schwarzspechtgelege ist bereits angebrütet, was man an dem leicht rosa Glanz der Eier erkennt. Es findet jährlich nur eine Brut statt. Frühe Brutverluste führen aber zu Nachgelegen.

Bei den meisten unserer Spechtarten besteht ein vollständiges Gelege aus etwa sechs Eiern. Lediglich die beiden Bergbewohner Weißrücken- und Dreizehenspecht und der Schwarzspecht liegen mit drei bis fünf Eiern etwas darunter und der Grauspecht

Bei der Brutablösung hält das Männchen etwas Distanz zum ausfliegenden Weibchen. Die Buche mit ihrer glatten Rinde ist in Mitteleuropa der häufigste Brutbaum für den Schwarzspecht.

mit sieben bis neun Eiern etwas darüber. Um die Körperwärme effizient auf die Eier übertragen zu können, entwickelt sich bei beiden Geschlechtern ein nackter, besonders intensiv durchbluteter Brutfleck an der Vorderbrust. Wird es in der Höhle zu kalt, steigert der brütende Altvogel die Wärmeproduktion, wird es zu warm, hört er vorübergehend zu brüten auf, klettert zum Höhleneingang und kühlt sich durch Hecheln ab.[3] Mitunter verlässt er sogar für kurze Zeit die Höhle. Tagsüber wechseln sich die Partner beim Brutgeschäft regelmäßig ab. Nachts brütet ausschließlich das Männchen.

Brutgeschäft ist Teamarbeit

Die Brutablösung gleicht besonders bei den Erdspechten und dem Schwarzspecht einer Zeremonie. Der ablösende Altvogel kündigt durch Rufe, manchmal auch durch Trommeln, sein Kommen an. Dann landet er an der Höhle. Auch in dieser Situation lässt sich ein Widerstreit der „Gefühle" – soll heißen, eine Abwehrhaltung gegenüber dem ausschlüpfenden Partner – erkennen. Besonders deutlich ist dies bei Schwarzspechten zu beobachten. Der ablösende Altvogel drückt sich vor dem aus der Höhle kommenden Vogel flach an den Stamm, um ihm auszuweichen. Erst nachdem der abgelöste Specht abgeflogen ist, begibt sich der ablösende Specht an den Höhleneingang und schlüpft hinein. Zuvor aber schaut der Neuankömmling mehrmals in die Höhle, als wolle er sich versichern, dass der Partner die Höhle tatsächlich verlassen hat und sich kein Feind darin befindet.

Manchmal reagiert der brütende Specht nicht sofort auf die Ablösungsrufe des Partners. Dann ist der Bruttrieb des ankommenden Vogels so aufgestaut,

Hier wacht das Männchen gerade durch das an der Höhle landende Weibchen auf. Nun folgt die Brutablösung. Männchen und Weibchen brüten zu gleichen Teilen.

dass es zu aggressiven Übersprungshandlungen kommt. Der „genervte“ Vogel reagiert sich in dieser Situation an einem Nachbarbaum oder am Höhleneingang mit heftigen Schnabelhieben ab. Zahlreiche Narben in der Rinde bei den Höhleneingängen zeugen davon. Kommt der Partner nicht aus der Höhle, führen Drohrufe und „wütende“ Klopfzeichen am Höhlenbaum bald zum Erfolg. Brütende Spechte verlassen im Regelfall nur selten ihr Gelege, wenn Feinde oder Höhlenkonkurrenten sie bedrohen. Sie versuchen mit Schnabelstoßen und Federrasseln die Gegner in die Flucht zu schlagen. Mitunter reagieren aber brütende Schwarzspechte heftig auf Kratz- und Schabgeräusche und verlassen fluchtartig die Höhle. Brutverluste durch Feinde sind auch bei den größeren Spechtarten mit weiteren Höhleneingängen, im Vergleich zu Folgebrütern, erstaunlich niedrig.[53a] So wurden von 300 Bruten des Schwarzspechtes und der Hohltaube lediglich zwei vom Marder geplündert und zehn Bruten gingen durch Wassereinbruch verloren.[105] Die größten Verluste muss wohl der Kleinspecht durch seinen großen Verwandten – dem Buntspecht – hinnehmen.[84] Insgesamt bieten Baumhöhlen aber eindeutig den besseren Schutz vor Nesträubern.

In Baumhöhlen zu brüten, bringt aber auch ein Problem mit sich: In der Tiefe der Höhle erhöht sich durch die nahezu permanent brütenden Altvögel der Kohlendioxidgehalt. Die Spechtembryos benötigen aber mit zunehmendem Alter mehr Sauerstoff, der durch passive Gasdiffusion zunehmend schwerer zu decken wäre. Dieses Problem wird bei den Spechten entschärft, indem die Küken früh schlüpfen und so ihre Lungen aktiv zu atmen beginnen. Die kurze Brutdauer – beim Buntspecht nur 8 bis 9 Tage – wird jedoch mit einer relativ langen Nestlingszeit und einer intensiven Zuwendung kompensiert. Rechnet man die kurze Brut- und die lange Nestlingsdauer der Spechte zusammen, so kommt man wieder auf einen ganz normalen Wert, vergleichbar mit der Gesamtentwicklungsdauer anderer Vogelarten ähnlicher Größe.[131]

Nach einer Brutzeit von rund zwei Wochen schlüpfen die Jungen in einem Abstand von maximal ein bis zwei Tagen. Schlüssel zur Freiheit ist der markante Eizahn auf Ober- und Unterschnabelspitze. Der Oberschnabel ist dabei erheblich kürzer. Unter Einsatz eines besonders ausgeprägten Nackenmuskels durchbrechen die Küken die Eischale. Der Nackenmuskel wird bald nach dem Schlüpfen zurückgebildet und auch der Eizahn verliert sich rasch.[3,60]

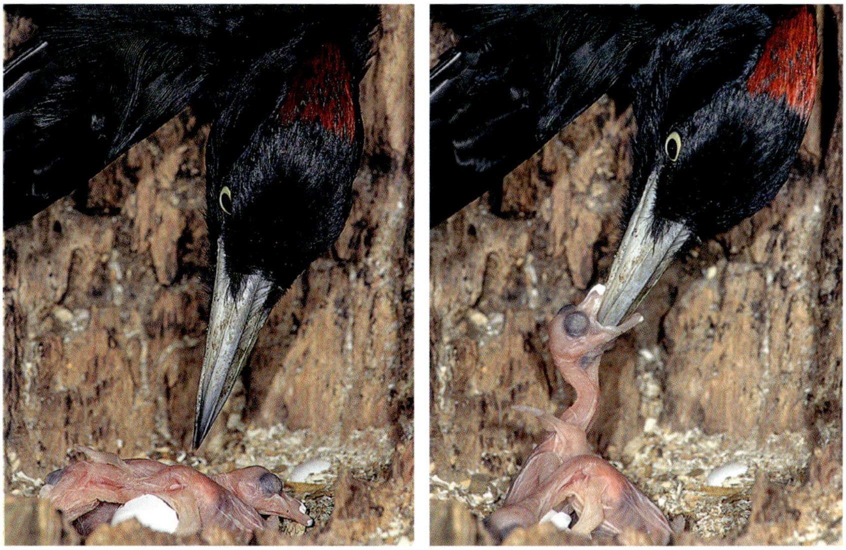

Das Weibchen füttert die nackten und blinden Jungen, indem es den Schnabelwulst antippt und damit den Bettelreflex auslöst. Gut zu erkennen ist die ausgestreckte Zunge mit der er in Larvengänge vordringen kann..

Die Jungen kommen nackt, ohne jeglichen Flaum auf die Welt. Ihre Haut ist samtweich und rosa, sie sind blind und die Ohröffnungen noch verschlossenen. Um sich auf dem ungepolsterten Höhlenboden nicht die Fersen wund zu scheuern, haben sie an dieser Stelle besondere Sitzwarzen ausgebildet, die später verschwinden.[45] Vor Wärmeverlusten schützen sich die kleinen Spechte durch eine energiesparende „Wärmepyramide".[45] Eng aneinander geschmiegt stapeln sie die Köpfe förmlich aufeinander. Zusätzlich werden sie von Altvögeln über eine Woche lang rund um die Uhr gehudert. So bleiben die Wärme- und damit die Energieverluste gering.

Jungspechte schlüpfen völlig unfertig

Die Jungvögel legen erstaunlich rasch an Gewicht zu. Wiegen kleine Schwarzspechte beim Schlupf etwa neun Gramm, hat sich nach nur fünf Tagen ihr Gewicht bereits verzehnfacht.[45] Erst im Alter von einer Woche beginnen Schwung- und Schwanzfedern zu wachsen. Ein Wärme isolierendes Daunengefieder, wie wir es von anderen Nesthockern kennen, entwickeln Spechtküken jedoch nicht. Dies gleichen die Jungen durch rasches Wachstum und einen hohen Körperfettanteil aus.

Die motorischen Fähigkeiten entwickeln sich innerhalb kurzer Zeit enorm weiter. Können die Jungen anfangs ihren Kopf nur kurz und unter größter Anstrengung heben, so beginnen sie im Alter von zehn Tagen bereits, Fangzunge und Meißelschnabel an der Höhlenwand zu erproben. Um mit den Jungen beim Füttern Kontakt aufzunehmen, berühren die Altvögel deren Tastwulst an der Schnabelbasis. Auch im schummrigen Licht der Höhle sind die milchig weißen Anschwellungen für die Eltern erkennbar. Einen lebhaft gefärbten Rachen, wie die Jungen von Singvögeln, haben die Jungspechte daher nicht. [45]

Bei der leisesten Berührung des Wulsts schnellen die Jungen ihren Kopf nach oben, der Schnabel springt förmlich auf und erfasst die elterliche Schnabelspitze. Dabei sind kleine Spechte in der Lage, ihre Mundspalte extrem weit zu öffnen, was das Füttern enorm erleichtert und beschleunigt. Spechte sperren also nicht wie die Singvögel, sondern ähneln den Seglern und Eisvögeln. [45]

Erdspechte und Schwarzspecht versenken ihren Schnabel regelrecht im Schlund der Jungen, um dann das Futter rhythmisch hervorzuwürgen und es den Jungen einzutrichtern. Dieses Verhalten ist typisch für unsere größeren Spechte, die ihre Brut hauptsächlich mit Ameisen großziehen. Vor allem Grau- und Grünspecht sammeln bevorzugt die besonders nahrhaften Puppen. Auf rund 1,5 Mio. Ameisen wird der Bedarf einer Grünspechtbrut geschätzt. [33] Daher verwundert es nicht, dass Grünspechte und ihre Höhlen intensiv nach Ameisensäure riechen.

Ein Grünspechtmännchen füttert den schon fast flüggen Jungvogel, der sich durch das gestrichelte Jugendkleid stark vom Altvogel unterscheidet. Verfüttert werden dabei vor allem Ameisen, die aus dem Kropf hervorgewürgt werden.

Schwarzspechte können je nach Verfügbarkeit der einzelnen Beutetiere ihre Brut aber auch mit einem hohen Anteil an Käferlarven aufziehen. Die „Zwischenlagerung“ im Kropf ermöglicht Erdspechten und dem Schwarzspecht relativ große Aktionsradien bei der Futtersuche. Bei jeder Fütterung wird der Kropfinhalt auf alle Jungen verteilt. Der ganze Fütterungsvorgang wird mit zunehmendem Alter der Jungen immer turbulenter und von Bettelrufen, Kopfstößen und Schnabelschlagen begleitet. Die Jungen legen ihren Kot in kleinen Ballen ab. In der frühen Nestlingsphase verschlucken die Altvögel diese Ballen, später werden sie, meist mit etwas Spänen vermischt, abtransportiert. Nach etwa zwei Wochen Nestlingszeit werden die Jungen von außen gefüttert. Zuerst beugen sich die Altvögel noch weit in den Höhleneingang. Später warten die Jungvögel bereits dort und betteln lautstark nach Futter. In den Fütterungspausen lassen Spechtnestlinge permanent ein

Der fast flügge Buntspechtnachwuchs wird dagegen aus dem Schnabel gefüttert.

eigentümliches Wispern hören. Verstummt der eine, beginnt der nächste. „Zirpwache" nennen das die Heinroths.[45]

Der Start ins Leben ist voll Risiko

In den letzten Tagen vor dem Ausfliegen verlängern die Eltern die Fütterungsintervalle und versuchen, die Jungen aus der Höhle zu locken. Jetzt fliegen sie benachbarte Bäume an und nehmen Rufkontakt zu den Jungvögeln auf, die mit Bettelrufen, aber auch mit kjack-Rufen antworten. Die Jungen sind in dieser Phase immer hungrig und werden deshalb zunehmend aggressiver. Sie hacken mit den Schnäbeln sowohl nach ihren Geschwistern als auch nach den Altvögeln. Deshalb halten diese bei der Fütterung einen möglichst weiten Abstand zu den Jungvögeln. Es kommt zur sogenannten Distanzfütterung. Die Nestlingsdauer ist bei den Spechten trotz der erheblichen Größenunterschiede erstaunlich ähnlich. Rund drei Wochen halten sich die Jungspechte im Schutz ihrer Baumhöhle auf. Dann vermindern die Altvögel die Futterzufuhr. Dadurch verlieren die Jungen an Gewicht und werden flugfähig. Zudem stärkt der ständige Hunger ihre Bereitschaft, die Höhle zu verlassen. Hat einmal ein Jungspecht den Anfang gemacht, so folgen seine Geschwister meist innerhalb weniger Stunden. Die Jungspechte können vergleichsweise gut fliegen und landen meist zielsicher an einem Baumstamm. Ein Altvogel führt die ausgeflogenen Jungen rasch vom Höhlenbereich fort, während der andere Partner die verbliebenen Jungen noch sporadisch füttert. Zu diesem Zeitpunkt beginnt auch die Jugendmauser, in der die Hand-

Meist verharren die Jungvögel nur kurze Zeit am Höhleneingang, bevor sie von einem der Altvögel von der Höhle weggeführt werden.

schwingen komplett erneuert werden. Die Armschwingen bleiben dagegen erhalten.[6] Auch die Schwanzfedern unterscheiden sich im Jugendkleid: Sie sind deutlich schmaler und spitzer, fast wie ein Spieß geformt.[6]

Spechtbruten in vergleichbarer Höhenlage starten fast zur gleichen Zeit. Durch das nahezu zeitgleiche Ausfliegen der Jungspechte haben Fressfeinde nur wenige Tage leichtes Spiel, weil die Jungspechte in nur wenigen Tagen zu gewandten Fliegern werden. Spätere Bruten deuten daraufhin, dass die erste Brut verloren gegangen ist. Wie lange die Jungspechte anschließend noch von den Eltern geführt werden, hängt vom arttypischen Nahrungserwerb ab. Sucht die Art eher oberflächennah nach Insekten, ist die Lernphase kürzer. Bei allen Buntspechten dauert sie rund zehn bis vierzehn Tage. Beim Schwarzspecht, der die Nahrung unter der Rinde oder sogar tief im Holzkörper erbeutet, dauert die Führungsperiode dagegen rund fünf Wochen.[10] Der Grünspecht liegt mit drei bis vier Wochen dazwischen. Mit bis zu zwei Monaten dauert die Führungsphase beim Dreizehenspecht am längsten.

Die Jungen werden mehrere Wochen von den Altvögeln geführt

Jeder Altvogel betreut einen Teil der Jungen. Die Mitglieder einer solchen Gruppe halten über Rufreihen losen Kontakt. Jeder Jungvogel soll aber in dieser Übergangsphase möglichst viele eigene Erfahrungen sammeln und wird dabei nur noch sporadisch gefüttert. Gegen Ende der Führungsperiode verhalten sich die Altvögel nun ihrerseits zunehmend aggressiver gegenüber ihrem Nachwuchs und versuchen, diesen mit Schnabeldrohen und geschickten Flugmanövern auf Distanz zu halten. Das ist das untrügliche Zeichen dafür, dass sich der Familienverband bald auflöst. Die Geschwister können aber durchaus noch eine gewisse Zeit in der Nähe des elterlichen Reviers gemeinsam herumvagabundieren, bis auch sie ihre eigenen Wege gehen. Noch Anfang September kann man solchen Trupps begegnen.

Viele grundlegende Informationen über die Brutbiologie stammen von Oskar und Magdalena Heinroth. Sie zogen Anfang des 20. Jahrhunderts zahlreiche Vogelarten mit der Hand auf und studierten deren „Lebens- und Entwicklungsstufen, sowie deren Seelenleben". So beschreiben sie authentisch, wie Jungspechte ihren Pfleger kletternd nach Futter absuchen. „Eine ihnen auffallende Hautstelle wird zunächst bezüngelt, dann zart mit dem Schnabel untersucht und plötzlich mit voller Wucht behackt. Schon der Kleine Buntspecht... kann recht schmerzhaft wirken, beim Großen hat jeder Schnabelhieb einen Blutstropfen zur Folge." Weiter erzählen sie von einem Kleinspecht, der „auf dem Schlüssel eines Wandschrankes sitzend, sich in kurzer Zeit durch wuchtige Schnabelhiebe einen Eingang ins Schrankinnere verschaffte, oder ... an einem Gasrohr hängend, den Stuck soweit abmeißelte, dass die Strohhalme der Zwischendecke herunter hingen." [45] Aufgrund dieser Erfahrungen kommen die

Während der Führungsphase werden die Jungvögel immer wieder gefüttert. Hier bietet das Weibchen einem Jungvogel eine Ameise an.

Ob Klein- (links) oder Mittelspecht, beide Arten suchen ihre Nahrung in der Nähe der Höhle und tragen sie im Schnabel zu ihrer Brut, da sie über keinen Kropf verfügen.

Heinroths zum Schluss, dass Spechte für Wohnzimmer eine „Unmöglichkeit" darstellen.

Spechte und Monogamie?

Wenngleich sich die Brutbiologie, insbesondere die Entwicklung der Jungvögel, bei den einzelnen Spechtarten ähnelt, gibt es doch auch überraschende Unterschiede in den Brutstrategien einzelner Spechtarten. So glaubte man lange Zeit, dass Spechte monogam sind. Doch eine Telemetrie-Studie von Kerstin Höntsch im hessischen Bergland brachte Neues zutage.[84] Das besenderte Kleinspechtweibchen Mary hatte sich im zeitigen Frühjahr mit einem Männchen namens Peter verpaart. Gemeinsam bezogen sie eine Höhle und schritten zur Brut. Alles wirkte zunächst völlig normal. Doch kaum hatte Mary sechs Eier gelegt, flog sie regelmäßig zum Schlossberg, um sich mit Alex, einem weiteren Kleinspecht, im Nachbarrevier zu treffen. Kurz darauf fanden sich auch in seiner Höhle fünf Eier. Mary kümmerte sich zunächst um beide Bruten, bis Alex eines Tages nicht mehr auftauchte, was Mary dann bewog, die Brut aufzugeben. Auch bei Studien am Dreizehenspecht in den Hochlagenwäldern des Nationalparks Berchtesgaden verpaarten sich von 27 Weibchen immerhin zwei mit einem weiteren Männchen. Vor allem Weibchen von weniger vitalen Männchen, so eine Theorie, investieren in ein weiteres Gelege, um einen Bruterfolg wahrscheinlicher zu machen und damit die eigenen Gene zu sichern.[77]

Die Jungenaufzucht ist für Spechteltern eine äußerst anstrengende Lebensphase. Die erfolgreichsten Paare besitzen nicht nur die besten Reviere, was die Verfügbarkeit von Höhlen und Nahrung anbelangt, sondern schaffen es auch, die Brutphase so zu legen, dass anschließend in der sensiblen, frühen

Besonders Jungspechte werden oft kurz nach dem Ausfliegen die Beute des Sperbers oder des Habichts, wie hier Buntspecht. Aber auch die Phase des Höhlenbaus ist besonders gefährlich, weil der Specht dabei weit zu hören ist.

Nestlingsphase hochwertiges Futter in ausreichender Menge verfügbar ist. Es zeigt sich, dass relativ früh brütende Paare im Durchschnitt mehr Junge aufziehen.[131] Dies könnte damit zusammenhängen, dass erfahrene, gut eingespielte Paare nur eine verhältnismäßig kurze Balzzeit für die Gewöhnung aneinander benötigen.

Spätere Gelege sind dagegen kleiner und weniger erfolgreich.[84,131] Zudem verlängert sich die Nestlingszeit durch das schlechtere Nahrungsangebot. Bei frühen Bruten nehmen vor allem fette, eiweißreiche Raupen einen großen Teil der Nahrung ein. Wenn sich diese verpuppt haben und nur noch mühsam zu erbeuten sind, müssen die Spechte auf minierende und Holz bewohnende Larven ausweichen. Das ist erheblich zeitaufwendiger und anstrengender. Dennoch sinkt nicht die Häufigkeit, mit der gefüttert wird, sondern die verfütterte Menge. Da aber die Jungvögel ein Mindestgewicht erreichen müssen, um ausfliegen zu können, dauert es entsprechend länger, bis sie flügge werden.

Da alle Buntspechte die Nahrung für ihre Jungen wie Meisen im Schnabel zur Bruthöhle bringen, ist die Menge pro Fütterung im Vergleich zu den Erdspechten verhältnismäßig gering. Deswegen gehen sie bevorzugt in der Nähe der Bruthöhle auf Nahrungssuche. In den ersten Tagen bekommen die Jungspechte entsprechend ihrer Größe kleine Beutetiere wie etwa Blattläuse gefüttert. Weil die Küken schnell an Größe zunehmen, können sie bereits nach wenigen Tagen auch

Auch der deutlich größere Schwarzspecht wird gelegentlich zur Beute des Habichts, wie man an der Rupfung erkennen kann.

Später im Jahr brütende Vögel haben in der Regel schlechtere Nahrung zur Verfügung. Statt fetter Raupen steigt der Anteil an geflügelter Beute.

Buntspechte plündern die Nester von Singvögeln. Die erbeuteten Küken werden an geeigneten Stellen zerteilt. Hier verfüttert ein Altvogel gerade Teile davon. Sein Brustgefieder ist blutverschmiert.

größere Beutetiere wie Schnaken oder Schmetterlinge aufnehmen. Besonders sperrige Futterteile werden zuvor noch kükengerecht zerteilt. Wenig nahrhafte und zugleich sperrige Körperteile wie Schmetterlingsflügel werden zuvor vom Altvogel abgetrennt. Vom Buntspecht erbeutete Singvögel werden in kleine Happen zerlegt und erst dann an die Nestlinge verfüttert.

Zur Halbzeit der Nestlingsphase füttern Buntspechte am häufigsten: etwa alle vier bis acht Minuten, täglich bis zu 250 Mal.[9] Durch die häufigen Anflüge bleibt kein Feind, aber auch kein ungetarnter Beobachter lange unentdeckt. Mit lautem Gezeter versuchen die Spechteltern dann, den Eindringling von der Bruthöhle abzulenken. Dass gerade für Mittel- und Kleinspecht geringe Aktionsradien während der Jungenaufzucht ermittelt wurden, dürfte u. a. der Tatsache geschuldet sein, dass die Bruten dieser beiden Spechtarten ständig der Gefahr ausgesetzt sind, vom Buntspecht erbeutet zu werden.[84,76] Sind die Eltern permanent in Nestnähe, können sie bei Gefahr rasch reagieren und ihre Brut gemeinsam verteidigen. Dabei legen gerade Kleinspechtpaare einen erstaunlichen Mut an den Tag und versuchen durch aufgeregtes Schimpfen und gewagte Angriffsflüge, den Nesträuber in die Flucht zu schlagen.

Doch selbst wenn die Jungen endlich ausgeflogen sind, ist die Zeit der Gefahren nicht vorüber. Die unerfahrenen Jungvögel sind leichte Beute für Habicht und Sperber, wie regelmäßige Rupfungen zu dieser Jahreszeit deutlich zeigen. Auch an Straßen findet man bis zum Spätsommer häufig überfahrene Spechte, bei denen es sich meist um Jungvögel handelt. Besonders am Ortsrand lebende Grünspechte werden relativ oft zu Verkehrsopfern oder sterben bei Kollisionen mit Fensterscheiben. Haben sie aber erst einmal das erste Jahr gemeistert, erhöht sich ihre Überlebenschance deutlich.

Rotbuchen können trotz Kernfäule und Schwarzspechthöhlen noch viele Jahre leben. In dieser Buche hat sich bereits eine sehr große Mulmhöhle gebildet. Sie wurde vor mehr als 40 Jahren vom Schwarzspecht besiedelt.

Spechte schützen

Hermann Löns entführt in einer seiner Tiernovellen den Leser in die Erinnerungswelt seines Helden. Der alte Förster entsinnt sich dort seiner Lehrjahre. Damals gab es auf den Kopf des damals noch als „waldschädlich“ geltenden Schwarzspechts ein Schussgeld. Er aber hatte sich nie daran beteiligt. Er hatte Augen, die sich an allem Schönen freuten und „eine heilige Scheu hielt ihn ab, auf den stolzen Vogel dampf zu machen“. Die frühere Einzelmeinung ist heute inzwischen Allgemeingut, wenngleich man in Norwegen noch Abschussgenehmigungen für Schwarzspechte erteilt, wenn nachgewiesen wird, dass sie Schäden an Holzhäusern anrichten.[34] Europaweit genießen sowohl die Spechte als auch ihre Höhlen gesetzlichen Schutz. Die Rechtsmaterie ist zwar sperrig und nicht besonders klar geregelt, aber dennoch handelt es sich um ein aktuelles Thema, das auch stark in die Diskussion über den Waldnaturschutz hineinstrahlt.

Spechte, Höhlen und Nachmieter

Alle Spechte sind, durch die Vogelschutzrichtlinie „besonders geschützt“. Einige Spechtarten wie der Schwarz-, Grau- und Mittelspecht gelten sogar zusätzlich als „streng geschützt“. Bei diesen Arten ist das Strafmaß, falls man ihnen nachstellt oder ihre Höhlen zerstört, deutlich höher, es kann bei Vorsatz sogar einen Straftatbestand darstellen. Auch unter den Folgenutzern der Spechthöhlen gibt es Arten, die „streng geschützt“ sind, wie den Raufußkauz oder alle heimischen Fledermausarten. Da Baumhöhlen „Lebens- und Aufzuchtstätten“ (§ 42 Bundesnaturschutzgesetz Abs. 1) von solch geschützten Arten sind, hat sie der Gesetzgeber ebenfalls unter Schutz gestellt.

Um waldtypische Vogelarten zu schützen, wurden auch zahlreiche Wälder als Vogelschutzgebiete ausgewiesen.

Alte Bäume mit Pilzkonsolen werden gerne für den Höhlenbau und die Nahrungssuche genutzt.

Für die Forstwirtschaft gelten aber aufgrund der so genannten „Landwirtschaftsklausel" Sonderregelungen. Der Schutz der Spechthöhlen bezieht sich hier nicht auf den einzelnen Höhlenbaum, sondern auf die zu schützende Population dieser Höhlenbewohner. Um den Zustand einer lokalen Population einer „streng" geschützten Art nicht zu verschlechtern, müssen aber genügend Höhlen im engeren räumlichen Zusammenhang erhalten bleiben. Das ist schwierig festzulegen und noch schwieriger zu überwachen.

Naturschutz im Wald

Doch was nützt der rechtliche Schutz einer Art, wenn ihr Lebensraum nicht geschützt wird? Rund 30% der Landesfläche Deutschlands sind mit Wald bedeckt, wovon über 95% mehr oder weniger intensiv bewirtschaftet werden. Damit liegt es auf der Hand, dass die Bewirtschaftung der Wälder einen entscheidenden Einfluss auf die Lebensbedingungen vieler Waldbewohner hat.

Im Wirtschaftswald werden Bäume in der Regel nach einem Drittel bis maximal der Hälfte ihrer natürlichen Altersspanne geerntet. In diesem Alter sind die Bäume noch äußerst vital und ihr Holz ist noch kaum von Pilzen oder Insekten besiedelt. In diesem Stadium stellt Holz für uns einen hochwertigen Rohstoff dar. Gesundes, astfreies Holz in stärkeren Durchmessern wird am besten bezahlt. Um möglichst viel solches Holz zu erzeugen, werden qualitativ schlechte Bäume zugunsten der Wertträger frühzeitig entnommen. Die wertvollen Bäume werden dann so rechtzeitig geerntet, dass ein Großteil möglichst viel gesundes Holz aufweist. Da dies mit Ausnahme von Waldreservaten und Nationalparken in den meisten Wäldern so gehandhabt wird, fehlen den Bewohnern alter, totholzreicher Waldphasen auf großer Fläche die entsprechenden Lebensräume. Das ist der Grund, warum gerade sie in den Roten Listen bedrohter Arten so stark vertreten sind.

Bis vor wenigen Jahrzehnten war es üblich, sämtliches „schlechtes Holz“, d. h. beschädigtes oder mit Pilzen befallenes Holz oder gar Höhlenbäume, bevorzugt zu nutzen, um den „Wertträgern“ Platz zu schaffen. Damit fehlen mit der Zeit Kleinstrukturen wie Totäste, Pilzkonsolen, kleine und große Spechthöhlen und die so wertvollen Mulmhöhlen. Eine Zeit lang versuchte man, diesen Mangel durch das Aufhängen künstlicher Höhlen zu kaschieren, zumindest für die kleinen, „nützlichen“ Singvögel Brutmöglichkeiten zu schaffen. Das Verschwinden anderer, nicht weniger wichtiger Strukturen nahm man allerdings nicht wahr, was dazu führte, dass heute 60 % der Totholzkäfer in der Roten Liste zu finden sind. [15]

Unter den Akteuren, die Verantwortung für den Wald haben, besteht grundsätzlich Übereinstimmung, dass sich die nachhaltige Bewirtschaftung eines Waldes auf all seine Funktionen erstrecken muss. Eine Waldfläche sollte also nicht nur dauerhaft eine bestimmte Menge Holz erzeugen, sondern

Auch abgebrochene Höhlenbäume haben noch große Bedeutung, wie dieser „Kamin“ für einen Waldkauz

Höhlenbäume sind als Brut- und Aufzuchtstätten geschützt. Das Fällen solcher Biotopbäume sollte unter allen Umständen vermieden werden. (rechts oben). Wegen ihrer Bedeutung wird ihre Erhaltung im Privat- und Körperschaftswald mit Mitteln des Vertragsnaturschutzes gefördert. Mit diesem Schild werden geförderte Bäume im Gebiet der Landkreise Coburg und Lichtenfels gekennzeichnet (rechts unten).

auch nachhaltig Trinkwasser liefern, die Erholung der Bevölkerung ermöglichen und das komplette Arteninventar sichern. Die größte Verpflichtung und Vorbildfunktion bezüglich des Waldnaturschutzes haben per Gesetz unsere Staats- und Kommunalwälder. Für sie muss die Erhaltung der natürlichen Vielfalt ein wichtiger Pfeiler im Kanon ihrer Aufgaben sein. Eine Verpflichtung, die nicht verhandelbar ist, weder durch die aktuelle Kassenlage noch durch die Einstellung der jeweiligen Verantwortlichen.

Vertragsnaturschutz als Anreiz für den Höhlenschutz

Es gibt aber Strategien, den Waldnaturschutz dauerhaft in die Bewirtschaftung zu integrieren. Vor allem Totholz und Biotopbäume stehen dabei im Mittelpunkt der Bemühungen, da sie bei der „klassischen" Forstwirtschaft zu wenig berücksichtigt wurden.[128] Ein praktikables Verfahren, diesen Strukturen Raum zu geben und gleichzeitig die Gefahr, die von stehendem Totholz für Waldarbeiter ausgeht, zu minimieren, ist das „Rothenbucher Totholz- und Biotopbaumkonzept" aus dem bayerischen Spessart. Es gewährleistet, dass zehn ökologisch besonders wertvolle Biotopbäume (Bäume mit Höhlen, Horsten oder Verletzungen, besonders große Bäume) und zehn Kubikmeter stärkeres Totholz pro Hektar auf Dauer erhalten bleiben. Man kennzeichnet dazu die Biotopbäume, damit sie nicht versehentlich im Zuge regulärer Holznutzung fallen.

Ein Förster spricht mit einem Waldbesitzer über die Erhaltung der Höhlenbäume.

Um die Gefahren für Waldarbeiter möglichst gering zu halten, gibt es eine klare Entscheidungshierachie. Wenn sie in der Nähe von schwachem, ökologisch weniger bedeutendem Totholz arbeiten, entscheiden sie selbst, ob sie durch den Baum gefährdet sind. Wenn sie zum Schluss kommen, dass die Arbeitssicherheit gegeben ist, diesen fällen. Bei mittlerem bis stärkerem Totholz müssen die Arbeiter bei potenzieller Gefahrenlage den zuständigen Revierförster hinzuziehen, der dann über das weitere Vorgehen entscheidet. Bäume mit besonders wertvollen Strukturen oder starken Dimensionen werden grundsätzlich erhalten. Dazu wird der ursprüngliche Arbeitsauftrag abgeändert oder ganz aufgehoben. Muss entlang von Wegen und Straßen ein gefährlicher Biotopbaum aus Gründen der Verkehrssicherungspflicht gefällt werden, verbleibt der Baum als liegendes Totholz an Ort und Stelle. Grundsätzlich werden die Gefahren, die von stehendem Totholz ausgehen, meist stark überschätzt. Bei einer Studie über Waldarbeitsunfälle in Franken zeigte sich, dass die häufigste Unfallursache schwere Stürze und herabfallende Äste bei der Fällung sind. Gerade bei der Fällung im belaubten Zustand lassen sich abbrechende Äste spät erkennen. Schwere Unfälle mit Biotopbäumen gab es in Rothenbuch während der Erprobung des Konzepts in einer Zeitspanne von 15 Jahren keinen. Viel gefährlicher als stehende Biotopbäume sind oft schwächere Dürrlinge und herabstürzende, morsche Äste aus der Krone des zu fällenden Baumes.

Dass Naturschutz-Strategien im Wirtschaftswald innerhalb relativ kurzer Zeitspannen Erfolge aufweisen können, beweist eine Vergleichsstudie, die „Rothenbucher-Biotopbaum"-Flächen mit Waldbeständen des angrenzenden, herkömmlich bewirtschafteten Bezirks verglich. So kamen hier 41, dort nur 29 Vogelarten vor, hier 177 holzbewohnende Käferarten, dort gab es nur 148. [15]

Naturschutz im Privatwald

Während die eine Hälfte des Waldes der Öffentlichkeit gehört, also im Eigentum des Staates, der Städte und Gemeinden steht, gehört die andere Hälfte des Waldes Privatleuten. Soll auch hier Naturschutz stattfinden, muss der Staat in der Regel finanzielle Anreize schaffen, um Nutzungsausfälle zu kompensieren. Solche Vertragsnaturschutzprogramme im Wald gibt es inzwischen in jedem Bundesland. Sie sind ein wichtiger Beitrag, meist sogar

Unsere kleinste heimische Eule, der Sperlingskauz, nutzt alte Buntspecht- oder Dreizehenspechthöhlen zur Brut und als Nahrungsdepot.

Spechte nutzen gerne von Pilzen vorgeschädigte Bäume zum Höhlenbau. Hier hat ein Trauerschnäpper eine der Höhlen in Besitz genommen.

die Voraussetzung für die Akzeptanz und flächige Verbreitung von Naturschutzmaßnahmen im Privatwald. Nach Untersuchungen aus Norddeutschland sind bis zu vier Biotopbäume pro Hektar sogar Kosten sparend, bis sieben kostengünstig zu integrieren.[128] Privatwaldbesitzer, die hieran Interesse haben, können sich direkt von ihren Forstbehörden hierzu beraten lassen. In Bayern gibt es z. B. für den Erhalt eines Höhlenbaums ab 60 cm Brusthöhendurchmesser 220 € (Stand 2021).

Biotopbäume sind Eckpfeiler der Biodiversität

Auch Naturschutzorganisationen engagieren sich in den letzten Jahrzehnten verstärkt in Wäldern, auch durch den Ankauf von Waldflächen. Der Landesbund für Vogelschutz in Bayern, der sich besonderes dem Artenschutz verpflichtet fühlt, erwarb zu diesem Zweck ein über 200 Hektar großes Waldstück bei Rain an der Donau, in dem sechs Spechtarten leben.

Der Rainer Wald in Niederbayern ist auf Teilflächen ein besonders artenreicher Auwald.

Spechten auf der Spur

Spechte sind nicht nur wegen ihrer Lebensweise sondern auch wegen ihrer Tätigkeit als Höhlenbauer ein spannendes Forschungsobjekt. Sie gelten als Schlüsselarten, die Strukturen schaffen, auf die andere Tier- oder Pflanzenarten angewiesen sind. Dadurch tragen sie zur Erhöhung der lokalen Biodiversität bei.

Wo kommen aber welche Spechte vor? Welche Arten nehmen zu, welche gehen zurück? Um entsprechende Informationen für den Naturschutz und die Forschung zu erhalten, aber auch um Argumente für die Politikberatung zu haben, ist es wichtig, das Vorkommen und die Bestandsdichte von Vogelarten zu erfassen. Hier leisten bundesweit zahlreiche Ehrenamtliche wichtige Grundlagenarbeit für den Naturschutz. Der Dachverband Deutscher Avifaunisten (DDA) hat neben dem Monitoring häufiger Brutvögel auch ein „Monitoring seltener Brutvögel" aufgelegt, worüber seit neuem auch die meisten Spechtarten (außer dem Buntspecht) in einem eigenen Modul erfasst werden. Entlang von Transsekten bzw. Stopppunkten werden Klein-, Mittel-, Grau-, Schwarz-, Dreizehen- und Weißrückenspecht gemeinsam erfasst. Auf festgelegten Routen werden in definierten Abständen (beim Kleinspecht sind es alle 300 m) die Rufe der verschiedenen Spechtarten abgespielt. Vorgesehen ist für jede Art jeweils eine Kombination aus artspezifischem Trommeln und Rufreihen, die als Richtwert ca. 20 Sekunden lang abgespielt werden. Nach dem Trommeln und den Rufreihen folgt dann eine Pause von 2 Minu-

In Buchenurwäldern Rumäniens, wie hier im Semenic, gibt es ein reiches Spechtleben. Besonders häufig ließ sich hier der Weißrückenspecht nachweisen.

ten. Kommt es zu keiner Reaktion wird das Ganze noch einmal wiederholt. Danach geht es zum nächsten Punkt. Ausnahme bilden nur der Grauspecht und der Mittelspecht, wo das Trommeln entfällt, bzw. bei letzterem durch das charakteristische Quäken ersetzt wird. Am Beispiel des Mittelspechts würden also zunächst 3 bis 5 Rufreihen (Keckern) abgespielt, dann eine Pause eingehalten, um die Reaktion abzuwarten, gefolgt von 3 bis 5 Quäkserien. Die Tondateien dazu sind über QR-Codes in den folgenden Artkapiteln in diesem Buch abrufbar. Die erfassten Spechtdaten können dann über ornitho.de oder dirket über die NaturaList App eingegeben werden.

Wie erfasse ich Spechte?

Brutdichten von Spechten lassen sich im Frühjahr durch Abspielen von diesen Trommelreihen und Rufen der jeweiligen Spechtart gut bestimmen.[108] Im zeitigen Frühjahr reagieren die Spechte auf den vermeintlichen Eindringling durch Trommeln und Drohflüge. Mit dieser Methode können für große Waldflächen mit vergleichsweise geringem Aufwand aussagekräftige Bestandserfassungen durchgeführt werden. Die besten Ergebnisse erzielt man dabei im Zeitraum von März bis April, wenn die Spechte intensiv balzen und noch nicht brüten.

Einen weiteren Schwerpunkt der derzeitigen Spechtforschung stellt die Untersuchung ihrer Lebensraumansprüche dar. Hier leistet die Telemetrie einzelner Individuen einen wichtigen Beitrag. Durch wiederholte Ortung eines kleinen, ca. 2 g schweren Peilsenders, der an einer Schwanzfeder oder wie ein Rucksack angebracht wird, kristallisieren sich die bevorzugten Aufenthaltsorte des Vogel über einen längeren Zeitraum heraus. Zwischen 500 und 1000 m weit

Um nähere Informationen über die Raumnutzung von Spechten zu erhalten, werden kleine Sender an den Schwanzfedern befestigt. Über Peilmessungen können so der Aktionsradius und die Kernbereiche der Streifgebiete ermittelt werden.

lassen sich die Tiere mit Handantennen peilen. Werden Männchen und Weibchen parallel telemetriert, erfährt man, ob sich die Geschlechter den Raum unterschiedlich aufteilen. Zugleich bekommt man eine ungefähre Vorstellung von der Größe des saisonalen Streifgebietes eines Spechtes. Vergleicht man nun besonders große mit relativ kleinen Streifgebieten einer Spechtart, lassen sich oft die wesentlichen Parameter herausfiltern. So können etwa die Menge und Art des Totholzes, die Anzahl von Ameisenhaufen oder die Menge an vom Borkenkäfer befallenen Bäumen die Größe eines Spechtgebietes beeinflussen. Daraus lassen sich dann konkrete Maßnahmen oder auch nur Unterlassungen seitens der Forstwirtschaft ableiten. So können z. B. Strategien zum Schutz von Populationen des Weißrückenspechtes abgeleitet werden.

Spechtforschung wozu?

Das Vorkommen und die Populationsdichte von Spechten eignen sich gut, um Aussagen über die Naturnähe von Wäldern zu treffen.[41] Die Idee des Konzeptes ist es, über relativ leicht erfassbare Arten die Bedürfnisse anderer Mitglieder der Lebensgemeinschaft mit abzubilden. Man könnte folglich von „Flaggschiffarten" sprechen, deren Vorkommen für ökologisch hochwertige Strukturen und damit für das Vorkommen einer ganzen Reihe weiterer Arten bürgt. Dies gilt aber nur für einige wenige Spechtarten wie den Weißrückenspecht, der für sein Überleben urwaldähnliche, alte Laubwälder braucht. Es können jedoch auch wichtige Schlüsse über die ökologische Wertigkeit von Waldbeständen gezogen werden, indem die Bestandsdichten von häufigen Arten wie dem Buntspecht ermittelt werden. Während diese Spechtart in nadelholzdominierten Monokulturen lediglich Brutdichten von einem Paar pro 50 bis 60 ha aufweist, kann sie in parkähnlichen Landschaften auf ein Brutpaar pro Hektar betragen.[67,117]

Die Nahrungsgewohnheiten der einzelnen Spechte kann man am besten durch Kotanalysen erforschen. Bei den ameisenfressenden Spechtarten können aufgrund der im Kot enthaltenen Chitinpanzer durch Ameisenexperten sogar

Diese Kotprobe eines Grauspechts besteht ausschließlich aus Ameisenresten.

die einzelnen Arten bestimmt werden.[91] Um Aufschlüsse über Nahrungsmenge und -zusammensetzung während der Jungenaufzucht zu erhalten, werden den Spechtjungen Halsringe angelegt,[79] die sie am Verschlucken einer Mahlzeit hindern. Diese aufwendige und störungsintensive Methode wird jedoch nur sporadisch angewandt, zumal der Aufwand für eine solche Untersuchung groß ist: Die Höhle muss so präpariert sein, dass die Jungen wiederholt für kurze Zeit für die Probenentnahme kurzfristig aus der Höhle genommen werden können.

Über das Alter und die Wanderbewegungen von Spechten gibt die klassische Beringung von Jungvögeln Aufschluss. Um Spechte individuell zu erkennen, werden Jung- und Altvögel mit Farbringen versehen, deren Kombinationen innerhalb eines Untersuchungsgebiet einmalig sind und so mittels Fernglas eine eindeutige Bestimmung der Individuen ermöglichen. Will man Altvögel fangen, gibt es mehrere Möglichkeiten: Kennt man die Schlafhöhle eines Spechtes, so kann man seiner nach Sonnenuntergang mithilfe eines vor den Eingang gehaltenen Keschers habhaft werden. Da mehrere Spechtarten wie Mittel- und Buntspecht, aber auch Grau- und Grünspecht Futterstellen mit Fett und Körnern gerne annehmen, lassen sie sich auch dort mit Netzen oder Klappnetzfallen erwischen. Gefangene Altvögel werden vermessen und gewogen. Bei langfristig angelegten Forschungsprojekten entnimmt man gefangenen Tieren neuerdings auch eine Blutprobe, um verwandtschaftliche Beziehungen in einer Population untersuchen oder das Paarbildungssystem überprüfen zu können.

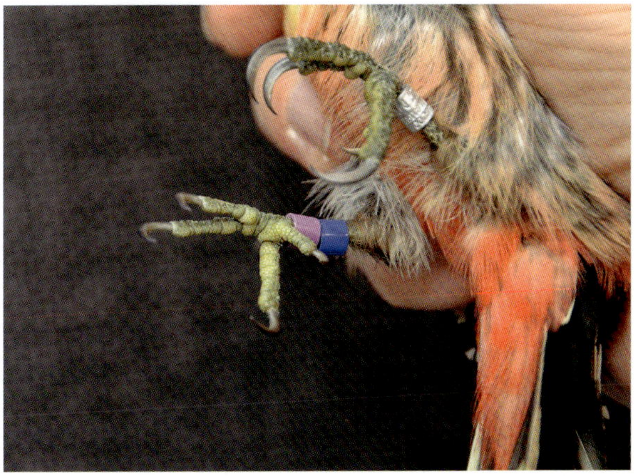

Durch die Verwendung verschiedenfarbiger Ringe und mehrerer Ringe an beiden Beinen ergibt sich eine Vielzahl an Kombinationen. So können zahlreiche Individuen einer lokalen Population unterschiedlich markiert und später auf relativ weite Distanz wieder identifiziert werden.

In jüngster Zeit wird eine weitere Methode zur individuellen Erkennung von Spechten erprobt: Durch die Auswertung von Sonagrammen können Trommeln und Rufe von Spechten einzelnen Individuen zugeordnet werden.[42]

Wer die Brutbiologie der Spechte oder die Folgenutzung der Spechthöhlen hautnah erforschen will, muss klettern können und schwindelfrei sein, denn Spechthöhlen finden sich oftmals in mehr als 20 Metern Höhe. Um sie zu erklettern, gibt es verschiedene Techniken. Von aufwendigen Baumvelos, bei denen man mithilfe von zwei Stahlbändern astfreie Stämme gut erklimmen kann, über einfache Schlingen- bis zu den immer ausgefeilteren Klettertechniken der professionellen Baumkletterer reichen die angewandten Methoden. Um Höhlenbäume häufig und Kräfte sparend zu besteigen, eignet sich eine dauerhaft angebrachte Hilfsschnur. Mit ihr zieht man bei Bedarf ein Kletterseil hoch. Der freie Aufstieg am Seil mittels Steigklemmen ist mit etwas Übung die Baum schonendste und schnellste Technik, wenn denn erst einmal die Hilfsschnur mittels Bogen, Armbrust oder Schleuder installiert ist.

Um die Höhlen inspizieren zu können braucht man einen Spiegel, der abgewinkelt an einem Stiel befestigt ist und so klein sein muss, dass er durch den Höhleneingang passt. Eine kleine Glühbirne, die hinter dem Spiegel angebracht ist, sorgt für die Beleuchtung. Die Weiterentwicklung dieser Methode ist der sogenannte „Treetop Peeper“, eine Giraffenhalskamera, mit der man Höhlen in Höhen bis ca. 15 m Höhe vom Boden aus inspizieren kann. Dieses Gerät besteht aus einer Teleskopstange aus Carbon, an deren oberem Ende eine kleine Digitalkamera mit Beleuchtung angebracht ist. Diese wird in den Höhleneingang

Über an Teleskopstangen befestigte Kameras lässt sich relativ störungsarm ein Einblick in das Höhleninnere erhalten.

geschoben und überträgt ihr Bild per Funk zu einem kleinen Bildschirm am Boden. Diese Bilder lassen sich dann auf einem Laptop aufzeichnen. Damit werden beispielsweise alljährlich alle Höhlen des Lehrwaldes der Hochschule Weihenstephan von Studenten untersucht. Gerade weil das Verfahren auch bei morschen Bäumen gefahrlos und wenig aufwendig ist, stellt es eine einfache und störungsarme Alternative zum Erklettern der Höhlenbäume dar. Außer für Forschungszwecke eignet sich das Gerät auch perfekt für die Aufklärungsarbeit zum Schutz von Spechten und ihren Höhlen. Hat man einmal selbst in die Höhlen geblickt und das vielfältige Leben darin entdeckt, steigt die Begeisterung für diese Struktur ganz erheblich.

Dieses Buntspechtgelege wurde mit einer Teleskopkamera fotografiert.

Viele Forschungsprojekte widmen sich den Folgenutzern von Spechthöhlen. Durch Langzeiterfassung engagierter Freizeitornithologen, aber auch durch langfristig angelegte Untersuchungen in Nationalparks konnten die spannenden Nutzungsgeschichten der Großhöhlen des Schwarzspechts dokumentiert werden.[104] Die Ergebnisse sind eine wichtige Argumentationshilfe für den Erhalt der Höhlenbäume. Viele Spechtforscher tragen durch ihre Forschungen insgesamt zu einem besseren Verständnis der Zusammenhänge im Ökosystem Wald bei. Sie werden durch ihr Fachwissen von den Forstbehörden zunehmend als kompetente Gesprächspartner geschätzt und für Höhlenbaumkartierungen und -markierungen engagiert.[106]

Mit moderner Technik ist so manches möglich. Durch automatische Kameras oberhalb von Spechthöhlen lässt sich rund um die Uhr die Aktivität an den Höhlen dokumentieren. Bei den Fotofallenstudien fiel auf, dass bei Specht-

Mit Wildkameras, die über Schwarzspechthöhlen installiert wurden, konnte belegt werden, wie begehrt und hart umkämpft diese Schlüsselstrukturen sind.

paaren, die immer ihre alten Höhlen nutzen ihre Jungvögel von Jahr zu Jahr früher ausfliegen. Im Durchschnitt der alten Höhlen waren dies fünf Tage. Eine Untersuchung aus polnischen Buchenwäldern fand heraus, dass die Überlebensrate in den alten Höhlen höher war als in den neu angelegten.[58] Der Grund, so die Vermutung, ist zum einen, dass ältere Höhlen mehr Platz haben, da sie etwas weiter ausgebaut oder ausgefault sind. Hier gab es weniger Gedränge. Ein weiterer Grund kann darin liegen, dass die Altvögel weniger Energie für den Höhlenbau benötigten, am Anfang länger das Gelege wärmen konnten und nicht so häufig auf Nahrungssuche gehen mussten, so die Hypothese.[58]

Fotofallen schaffen neue Einblicke

Es zeigte sich auch, dass Schwarzspechthöhlen schneller durch Folgebesiedler wie Hohltaube besetzt werden als die zur Verfügung gestellten Nistkästen mit gleicher Einfluglochgröße. Schwarzspechthöhlen nach einer Schwarzspechtbrut sind sehr begehrt und werden oft schon nach wenigen Stunden wiederbesiedelt. Eine Schwarzspechthöhle, in der ein Raufußkauz gebrütet hat, wird dagegen im Durchschnitt erst nach 30 Tagen wieder besiedelt. Liegt es am Gestank der alten Nahrungsvorräte oder ist es die Wirkung des kleinen Beutegreifers?

Raufußkäuze deponieren in Schwarzspechthöhlen regelmäßig überschüssige Beute (hier eine Gelbhalsmaus), um Phasen ungünstiger Jagdbedingungen wie Regen oder Wind überstehen zu können.

Forschungsarbeiten über Buntspechte sind sehr beliebt. Rolf Hennes untersucht in einer Langzeitstudie bereits seit zwei Jahrzehnten die Brutstrategien des Buntspechts mit teils erstaunlichen Ergebnissen.

Spechte und Menschen

Wer kennt heutzutage noch den Buntspecht? Eine Studie zur Vogelartenkenntnis bayerischer Schüler wollte das u. a. klären. Über 3200 Kinder und Jungendliche von der 4. bis zur 12. Klasse beteiligten sich an der Untersuchung. Neben dem Buntspecht waren 11 andere häufige Vogelarten im Test. Über alle Schularten hinweg erkannten 85 % den Buntspecht als Mitglied der Spechtfamilie.[139] Auch auf der Liste der Lieblingsvögel liegt der „Specht" mit Platz vier weit vorne. Er wurde bei den Jungen nur von „Adler" und „Falke" überrundet und bei den Mädchen vom „Rotkehlchen". Seine Größe, die markanten Farbkontraste und sein auffälliges Verhalten mit Trommelreihen und Rufserien machen ihn zu einem besonderen Erlebnis. Dazu kommt, dass der Buntspecht häufig an Vogelfütterungen zu beobachten ist. Dort beherrscht er die Szene und lenkt alle Aufmerksamkeit auf sich. Durch dieses Erlebnis entsteht bei den Kindern auf spielerische Weise Interesse und damit Artenkenntnis. Bei der „Vogel-BISA" Studie (Bird Identification Skill Assessment)

Der Buntspecht ist einer unserer bekanntesten Vogelarten, weil er auffällig gefärbt und oft an Vogelfütterungen zu beobachten ist.

zeigte sich: Kinder, die zu Hause eine Vogelfütterung haben, kennen deutlich mehr Arten. [139]

Bei der „Stunde der Wintervögel", zwischen dem 4. und 6. Januar, sind alle Bürger in Deutschland aufgerufen, Vögel in ihrem Garten zu zählen und zu melden. Bei einer Wiederholung der „Vogel-BISA" Studie nach 10 Jahren zeigte sich, dass Kinder, die sich an der „Stunde der Wintervögel" beteiligten, signifikant zwei Arten mehr kannten. [30]

Zum zweiten Mal nach zehn Jahren wurde 2018 die Artenkenntnis von Schülern wissenschaftlich untersucht. Dabei kam auch heraus, dass der Buntspecht weiterhin einen sehr hohen Bekanntheitsgrad hat.

Diese Form der „*Citizen Science*" – also der Bügerwissenschaften – ergab, dass der Buntspecht bereits zu den 12 häufigsten Vögeln am Futterhaus gehört. Nutzt man die Alltagstechnik der Schüler, um damit auch Natur zu erleben, erhält man oft mehr Aufmerksamkeit und Zugewinn an Wissen. Spechttrommeln lässt sich vom Internet (www.vogelstimmen.de) als Klingelton oder als Musik auf das Mobiltelefon laden. Durch das häufiges Hören dieser Laute prägen sie sich gut ein. Mit GPS-Handgeräten lassen sich Trommelplätze des Buntspechts erfassen und in eine Karte eintragen. Mit zunehmenden Daten erhält man einen immer besseren Überblick über die Buntspechtpopulation einer ganzen Umgebung und kann das Wissen via Internet allen Interessierten zugänglich machen. Hat man erst einmal Interesse geweckt, können die Kinder selbst Informationen zu einzelnen Fragestellungen zusammentragen (Art der Höhlenbäume, Höhe der Höhle, Technik beim Nahrungserwerb), und ihre Daten beitragen. Auch als eine Art Schnitzeljagd, heute „Geocaching", lässt sich Interesse für Spechte wecken. Über vorgegebene Koordinaten findet man Buntspechthöhlen, Spechtschmieden, Saftstellen und Hackplätze, durchaus auch vom Schwarzspecht. So lassen sich die unterschiedlichen Lebensgewohnheiten der einzelnen Arten eindrücklich demonstrieren. Damit lässt sich auch der Begriff der ökologischen Nische am Beispiel von Schwarz- und Buntspecht gut erklären. Überhaupt bieten Spechte durch ihre enge Bindung an Bäume und Wald einen idealen Einstieg in das Ökosystem Wald. Mit ihnen gelangt man zu den Vorgängen im Inneren eines Baumes (z. B. Ringeln – Bastschicht; Käfer – Pilze; Höhlenbau – Baumwachstum).

Man schützt nur, was man schätzt

Aber auch Erwachsene lassen sich von Spechten faszinieren. Der Anflug eines Schwarzspechtes an seine Schlafhöhle oder ein aus der Höhle lugender Raufußkauz zaubert immer ein Lächeln auf die erstaunten Gesichter einer von Ornithologen oder Förstern geführten Gruppe.

Einen guten Einstieg in das Thema Spechte mit vielen spannenden Informationen, mit Filmen und Tonaufnahmen aufbereitet, findet man über www.spechte-online.de. Wer sich gezielt mit Spechten beschäftigen will, hat im Laufe des Jahres verschiedene Möglichkeiten. Im Winter lassen sich Bunt- und Mittelspecht, in selteneren Fällen auch Klein-, Grün- und Grauspecht mit Futter anlocken. Meisenknödel und, noch besser, Fettschwarten sind die besten „Köder“. In Skandinavien wird damit auch regelmäßig der Schwarzspecht angelockt. Um das Schmiedeverhalten des Buntspechtes zu beobachten, bieten sich Walnüsse an. Am besten bringt man in der Nähe eine passende Schmiedevorrichtung (eingekerbtes Holzstück) an, an der der Specht selbst die Nüsse bearbeitet. Ebenso kann man Fett in Stammritzen und Baumspalten schmieren, wo die Spechte bald zu fressen und zu hacken beginnen und man sie hervorragend fotografieren kann.

Trommelbäume, die eine gute Resonanz haben, sind wichtige Requisiten in einem Spechtrevier.

Im Frühjahr lassen sich Spechte gut in größeren Stadtparks, Friedhöfen oder stadtnahen Wäldern beobachten. Bereits im Januar gehört das Trommeln zu den Geräuschen des nahenden Frühlings. Einmal ausfindig gemacht, lassen sich die Trommelplätze gut beobachten. Hierher kehren die Spechte immer wieder zurück. Vor allem kurz nach Sonnenaufgang. Gute Trommelstellen sind manchmal rar, dann werden sie von verschiedenen Arten genutzt.

In der Nähe der Trommelwarten sind meist auch die Bruthöhlen bzw. der zukünftige Höhlenbaum zu finden. In der Balzzeit werden die Höhlenbäume immer wieder angeflogen. Benutzte Buntspechthöhlen an Eichen kann man meist an der helleren Borkenfarbe nahe bei der Höhle erkennen. Sie entsteht durch demonstratives Hacken, wenn Rivalen oder

Weibchen in der Nähe sind. Ahmt man mögliche Eindringlinge nach, z. B. indem man mit einem Stock auf Holz trommelt, verraten Buntspechte oft ihre Bruthöhle. Ein Partner fliegt sie meist sofort an, um sie gegen den vermeintlichen Konkurrenten zu verteidigen. Wer das Balzverhalten von Spechten beobachten möchte, sollte sich in der Nähe der Höhlenbäume einen gut getarnten Beobachtungsstand einrichten. Bei Schwarzspechthöhlen werden regelmäßig auch Nachnutzer wie Hohltauben oder Kleiber zu beobachten sein.

Spechte sind mit Ausnahme des Weißrückenspechtes im Allgemeinen relativ unempfindlich gegenüber Störungen. Trotzdem sollte man während der Brut- und Aufzuchtphase besondere Vorsicht walten lassen. Die meisten Spechtarten haben einprägsame Lautäußerungen,[5] die man sich hier im Buch im jeweiligen Artkapitel über den QR-Code erschließen kann. Kennt man die wichtigsten davon und weiß auch noch die Habitatansprüche der einzelnen Spechtart, so kann man besonders im Frühjahr gezielt nach Spechten suchen.

Diese Höhle in einer Eiche wurde als Bruthöhle auserkoren. Die hellen Borkenbereiche an der Höhle entstehen durch ritualisiertes Hacken (Übersprunghandlung) im Verlauf der Balz oder der Höhlenverteidigung. Bei der Pilzkonsole handelt es sich um einen Eichenfeuerschwamm.

Der Kleinspecht ist ein Specht der weichholzreichen Auen, der Mittelspecht als Art der Eichenwälder im Tief- und Hügelland, die er ungefähr ab einem Baumalter von 80 Jahren besiedelt. Der Schwarzspecht brütet in Mitteleuropa zu 90 % in alten Buchen, die auf Brusthöhe einen Durchmesser von mehr als 40 cm aufweisen. Zur Nahrungssuche geht er aber auch gerne in Nadelholzbestände. Eher im Waldrandbereich und in Buchenbeständen mit viel totem Holz findet man den Grauspecht.

Wiesen mit Ameisen, Streuobstbestände und Randbereiche von Ortschaften sind die Habitate des

Besonders junge Buntspechte (hier ein juveniles Männchen) sind es, die an gedämmten Hausfassaden mit ihrem Höhlenbau Konflikte verursachen.

Grünspechts und des Wendehalses. Diesen lautfreudigen Specht mit seinen weit tragenden „glückglück“-Rufen kann man relativ leicht finden und oft an Ortsrändern beobachten. Der Wendehals dagegen kommt nur in wärmeren Lagen vor und hat auch höhere Ansprüche an die Strukturen. Der Weißrückenspecht und der Dreizehenspecht sind typische Bergbewohner. Während der erstere für den totholzreichen, alten Bergmischwald steht, ist der zweite eine typische Art natürlicher Fichtenwälder.

Spechte als „Problemtiere“

Wer alle europäischen Spechtarten auf engstem Raum beobachten will, muss in den Süden Rumäniens reisen. Dort kommen in den Urwäldern der Südkarpaten mit Ausnahme des Blutspechtes und des Wendehalses alle Spechtarten vor. In der nahe gelegenen Donauniederung findet man dann auch die letztgenannten Arten.

Spechteinschläge an einem mit Wärmedämmplatten versehenen Haus. Die Einschläge wurden mit Montage-Schaum gefüllt. Allerdings wurde dieser vom Buntspecht zum Teil schon wieder entfernt.

Spechte sind jedoch nicht nur Sympathieträger. Besonderes Aufsehen erregte im Jahr 1995 die Meldung, dass Spechte den Start eines Spaceshuttles verhinderten, weil sie mehr als hundert Löcher in die Isolationsschicht des Zusatztanks gehackt hatten.[3] Offenbar versuchten Goldspechte dort ihre Höhlen anzulegen. Mit einer festen Außenhaut und einer porösen Schicht darunter hatte die Tankisolierung dieselben Eigenschaften wie ein von Pilzen befallener Stamm.

Auch in unseren Breiten interessieren sich Spechte für menschliche Bauwerke. Besonders Häuser mit wärmedämmendem Isolierputz rangieren ganz oben in der Beliebtheitsskala. Das hohl klingende Material klingt nach morschem Baumstamm. So lässt sich nach der Überwindung der harten Außenhaut leicht eine Höhle in die weiche Isolierschicht bauen. Kleine Einschläge deuten auf Nahrungssuche, große kreisrunde Öffnungen dagegen eher auf Höhlenbau hin. Besonders im Herbst treten die Probleme auf, wenn vor allem junge Buntspechte herumstreifen und ein neues Revier suchen. Haben Buntspechte einmal eine Stelle gewählt, so bleiben sie dieser häufig längere Zeit treu. Dadurch können die Schäden beträchtliche Ausmaße annehmen.

Ein engmaschiges Drahtgeflecht, unter dem Putz eingearbeitet, stellt eine effektive Vorbeugung dar. Auch besonders glatter oder harter Putz, an dem der Specht keinen Halt findet, kann eine Lösung sein. Lange, im Wind flatternde Aluminiumstreifen oder rot-weiße Baustellenbänder, je nach Geschmack, können in 50% der Fälle die Spechte vertreiben. Mit Kletterpflanzen berankte Hausmauern werden meist ebenfalls gemieden, da so der Steinmarder die Höhle erreichen könnte. Aktuell wird durch einen Verbund von Fassadendämmtechnikfirmen an einem spechtsicheren Putz gearbeitet. Diese Fassade wird dann wahrscheinlich besonders hart und unüberwindlich.

Ist das Angebot an potenziellen Höhlenbäumen knapp, kann es helfen, große, mit Bauschaum gefüllte Nistkästen anzubringen. Sie kann der Specht nach seinen Bedürfnissen bearbeiten, ohne dass es zu Konflikten mit dem Hausbesitzer kommt.

Die Ordnung der Spechtvögel

Die ältesten heute bekannten Vogelfossilien stammen aus Solnhofen an der Altmühl und aus Liaoning in Nordostchina. Ihr Alter schätzt man auf rund 145 Millionen Jahre. Doch erst zu Beginn des Paläozäns, also mit dem Aussterben der Dinosaurier vor rund 65 Millionen Jahren, begann ein Evolutionsschub mit der Ausbildung zahlreicher Nischen. Dies gilt als die Geburtsstunde der modernen Vögel. 40-50 Millionen Jahre datiert man die ältesten Spechthöhlen in den versteinerten Wäldern Arizonas. Der älteste direkte Nachweis eines Spechtes stammt aber aus Deutschland. Es ist ein fossiler Fußknochen, der 25 Millionen Jahre alt ist.[3] Nach dem derzeitigen Kenntnisstand entwickelten sich Spechte vor rund 50 Mio. Jahren und gehören somit zu den ältesten heute existierenden Vogelformen.

Wo sich der Ursprung der Spechte befindet, ist noch ungeklärt. Heute besiedeln Spechte alle Kontinente mit Ausnahme von Australien und der Antarktis. Auf Neuguinea, Neuseeland, Madagaskar und den pazifischen Inseln fehlen ebenfalls Spechte, obwohl es dort durchaus für Spechte geeignete Wälder gibt.

Die Ordnung der Spechtvögel (*Piciformes*) gliedert sich in die Unterordnung der Glanzvogelartigen (*Galbuloidea*) und der Spechtartigen (*Picoidea*). Erstere besteht wiederum aus der Familie der Glanzvögel und der Faulvögel, die mit ihren insgesamt 55 Arten auf Süd- und Mittelamerika beschränkt sind. Glanz-

Von links nach rechts: Eine Unterfamilie bilden die Wendehälse, hier der afrikanische Rotkehlwendehals. Die Unterfamilie der Zwergspechte hat keinen Stützschwanz und ist bis auf eine Art in Südamerika verbreitet. Diese Gruppe beheimatet die kleinsten Spechte weltweit, wie hier den Goldstirn-Zwergspecht. Der Helmspecht gehört zu den größten Vertretern der Unterfamilie der Echten Spechte. Zusammen mit dem Schwarzspecht gehört er zur Gattung *Dryocopus*.

vögel ähneln in ihrer Lebensweise den Bienenfressern. Sie fangen Insekten im Flug und graben sich Nisthöhlen in Uferböschungen oder Termitenbaue. Faulvögel erinnern von ihrem Körperbau eher an Racken, sind aber unscheinbar gefärbt und ebenfalls Höhlenbrüter.

Die Unterordnung der Spechtvögel gliedert sich in drei Familien: die Bartvögel (*Capitonidae*), die Honiganzeiger (*Indicatoridae*) und die Spechte (*Picidae*). Die Familie der Bartvögel besteht aus 82 Arten, die in Afrika, Amerika und Asien vorkommen, sich von Früchten, Nüssen und Blüten ernähren und in selbst gezimmerten Höhlen brüten. Die unscheinbar gefärbten Honiganzeiger sind nach ihrem außergewöhnlichen Nahrungsverhalten benannt. Sie lenken die Aufmerksamkeit eines Menschen durch lautes Rufen auf sich und führen ihn damit zu einem Bienennest. Wenn der Mensch das Bienennest aufbricht, holt sich der Honiganzeiger den Rest des Nestes. Sie sind Brutparasiten, die ihre Eier in die Höhlen von Spechten, Bienenfressern oder Eisvögeln legen. Die Jungvögel töten nach dem Schlupf alle anderen Küken des jeweiligen Wirtes.

Drei Familien mit fast 200 Arten

Die Familie der Spechte gliedert sich in die Unterfamilien der Wendehälse (Jynginae), der Zwergspechte (Picumninae) und der Echten Spechte (Picinae). Zwergspechte werden auch als Weichschwanzspechte bezeichnet, da sie keinen Stützschwanz besitzen. Die Unterfamilie unterteilt sich in drei Gattungen, wovon die Zwergspechte (*Picumnus*) mit 27 Arten, die Mausspechte (*Sasia*) mit drei Arten und die Hüpfspechte (*Nesoctites*) lediglich mit einer Art vertreten sind.

Erst mit der Unterfamilie der Wendehälse, die weltweit nur zwei Arten umfasst, gelangt man schließlich zu der ersten heimischen Art von Spechtvögeln. Die restlichen neun europäischen Spechtarten gehören zu der dritten Unterfamilie, den Echten Spechten, die mit weltweit 162 Arten die artenreichste ist. Unsere sechs kleineren Spechte zählen mit Ausnahme des Dreizehenspechtes (*Picoides*) zur Gattung der Buntspechte (*Dendrocopus*). In der Gattung der Schwarzspechte (*Dryocopus*) ist unser größter Specht zusammen mit sechs weiteren Arten wie dem größten nordamerikanischen Specht, dem Helmspecht, vertreten. In der Gattung der Grünspechte (*Picus*) finden sich Grün- und Grauspecht.

Dass Spechte zu den ältesten noch existierenden Vogelformen zählen, spiegelt sich vermutlich auch in der Tatsache wider, dass es innerhalb der 25 Gattungen der Echten Spechte fünf Gattungen gibt, die jeweils nur eine Art umfassen. Weitere acht Gattungen sind ebenfalls relativ „artenarm“. Dies kann ein Hinweis darauf sein, dass sich einige Arten aufgrund der langen Existenz dieser Vogelfamilie schon weit auseinanderentwickelt haben.

Der Stammbaum der Spechte

verändert nach del Hoyo et al. 2002 [18]

Spechte haben überwiegend eine Bindung an Bäume und damit an eine Mindestmenge an Niederschlägen. Sie stellen eine artenreiche und weit verzweigte Vogelgruppe dar. Bis auf Australien und die Arktis sind sie auf allen Kontinenten verbreitet. Gerade die Echten Spechte (*Picinae*) zeigen sich in Südostasien und in Südamerika besonders divers, kommen aber auch in der ganzen nördlichen Hemisphäre vor. Was ihren Stammbaum angeht ist noch einiges ungeklärt. [26] Klar scheint aber, dass die Spechte in der „alten Welt" in Südostasien entstanden sind, was tiergeographisch der Orientalis entspricht. In dieser subtropischen Region wirkt die Gebirgskette des Himalaya im Nor-

Heimische Vertreter:

Grauspecht
Grünspecht

Schwarzspecht

Hemicircus concretus

Chrysocolaptes guttacristatus

Dryocopus pileatus

Melanerpes carolinus

	Meiglyptini	Picini	Campephilini	Colaptini
Gattung	8 Arten, v. a. Asien Kurzschwanzspechte u. a. Hemicircus Meiglyptes Mulleripicus	26 Arten, v. a. Eurasien v. a. Grüne Spechte Picus, Dinopium, Chrysocolaptes, Gecinulus, Sapjeopipo, Blythipicus Reinwardtipicus	18 Arten Große schwarze Spechte Dryocopus, Campephilus	43 Arten, v. a. Südamerika Goldspechte u. a. Veniliornis, Piculus, Colaptes, Celeus

Tribus

Unterfamilie: Echte Spechte
Picinae

Familie: Spechte
Picidae

den als Wetterscheide und klimatisch als Barriere gegen kalte Luftströmungen, was zu stabilen tropischen Bedingungen führt. Die Region besitzt zwar wenige Endemiten, aber eine besonders reiche Artenvielfalt. Sie erklärt sich u. a. durch die Übergangszonen zur Paläarktis, Australis und Afrotropis. Afrika ist dagegen eher arm an Spechtarten. Die Spechte Mitteleuropas stammen ganz überwiegend aus dem Tribus *Campetherini* und der Gattung *Dendrocopos*. Sie sind klein bis mittelgroß und schwarz-weiß-rot gefärbt, daher die Bezeichnung „Buntspechte“.[35] Einige Arten, die ehemals dieser Gattung zugerechnet wurden, zählt man heute zu den Picoides, so zum Beispiel den Dreizehenspecht. Die Unterfamilie der Zwergspechte ist dagegen nur in den Äquatorialregionen Asiens, Afrikas und Südamerikas verbreitet.

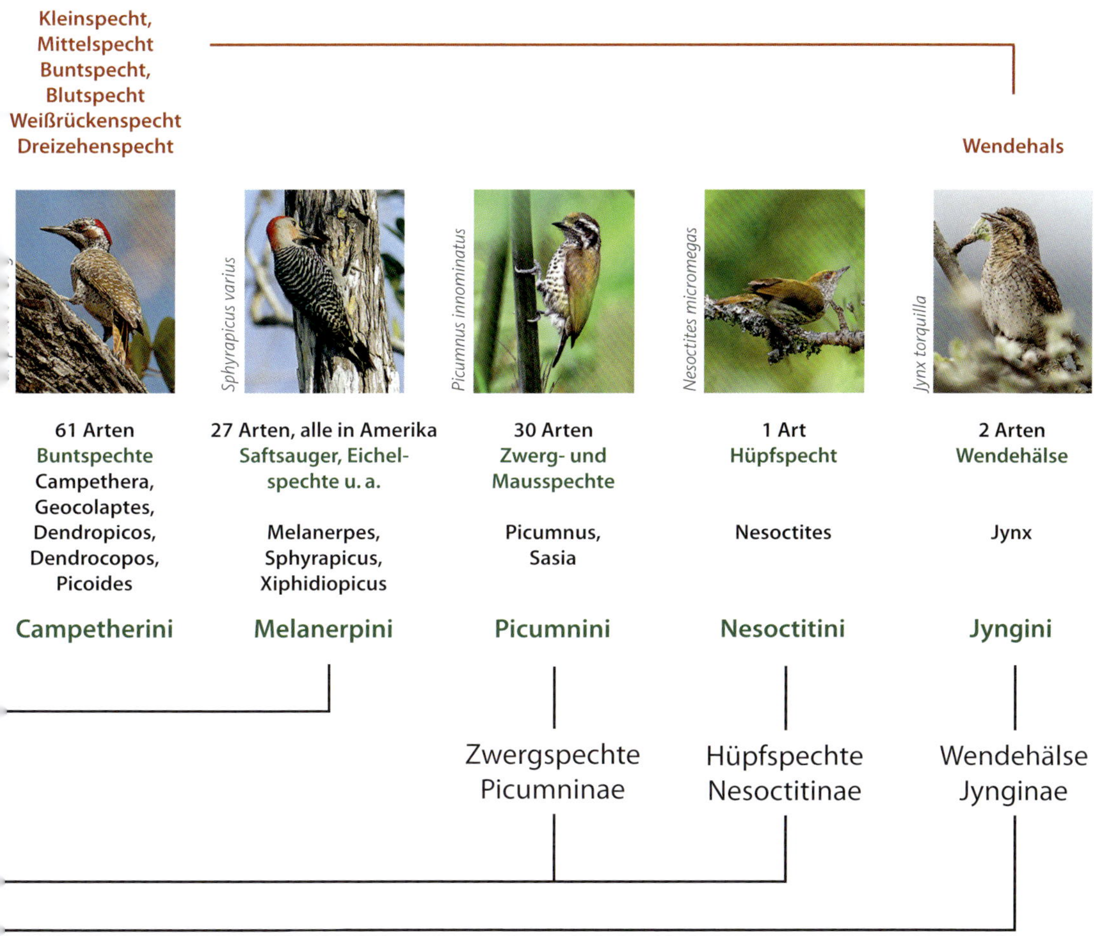

Gut zu erkennen ist die ausgestreckte Zunge mit der er in Larvengänge vordringen kann.

Der Kleinspecht

Der Kleinspecht ist der Zwerg unter den heimischen Buntspechten, gerade einmal so groß wie ein Kleiber. Aufgrund seiner Größe ist er sehr wendig und kann deshalb auf der Unterseite von Ästen Nahrung oder Deckung suchen. Optisch ähnelt er dem Weißrückenspecht mit seinem schwarz-weiß gestreiften Rücken, allerdings hat er kein Rot an den Unterschwanzdecken. Vor allem im Winter, der Zeit des Mangels und der Kälte, nutzt jede Spechtart ihre Kernnische. Da die Buntspechte sich allein schon durch die Größen- und Gewichtsunterschiede deutlich voneinander abgrenzen, ist es verständlich, dass sie sich wenig Konkurrenz machen. So hat der Kleinspecht lediglich ein Gewicht von 20g, während der Weißrückenspecht als größte Buntspechtart immerhin 110 g auf die Waage bringt. Durch die Fähigkeit, in morschem Holz nach Insekten zu suchen, kann der Kleinspecht, wie alle echten Spechte, den Winter bei uns verbringen. Allen gemeinsam ist eine stark an den Baum gebundene Ernährungsweise.

Wegen seiner geringen Größe ist der Kleinspecht auf weiches Totholz angewiesen. Das pilzbefallene Holz von Aspe, Pappel, Weide oder Birke (Weichlaubhölzer) erfüllt diese Anforderung am besten. Diese Baumarten sind charakteristisch für Auwälder, weswegen dort auch ein Verbreitungsschwerpunkt des Kleinspechts liegt. Die oft nur noch mit wenigen Baumreihen erhaltenen Auen sind meist totholzreich, weil sie der Mensch wenig nutzt. Kommt dort auch noch der Biber vor, verbessern sich die Lebensbedingungen für den Kleinspecht zusätzlich, weil sich durch die Aktivitäten unseres größten Nagers die Totholzvorräte im Ufersaum fast verdoppeln.

Der Kleinspecht fühlt sich aber auch in alten, totholzreichen Wäldern bis in die montane

Ein Kleinspechtmännchen trägt Futter in die Bruthöhle.

Ein fast flügger Jungvogel wartet auf Futter. Die Bruthöhle liegt in einem abgestorbenen Stamm.

Stufe wohl, wenn diese einen hohen Laubholzanteil bieten.[53,92] Gerade im Winter, wenn Blattläuse fehlen, sind holzbewohnende Insekten im stehenden Totholz eine wichtige Nahrungsgrundlage. Das ist auch der Grund, warum der Kleinspecht in intensiver bewirtschafteten Wäldern mit wenig Totholz relativ große Aktionsräume benötigt. Unter solchen Umständen kann sein Aktionsgebiet im Winter 200 bis 600 ha umfassen, während er in der Brutsaison lediglich 15 bis 20 ha nutzt. Fast meisenartig liest er dann, mit dem Rücken nach unten hängend, seine Beute von Blättern und Zweigen ab. Blattläuse und baumbewohnende Ameisen stellen dabei die bevorzugte Beute dar.[49,84] Kleinspechte können wegen ihres geringen Gewichtes noch an Zweigen nach Nahrung suchen, die Bunt- und Mittelspechte schon nicht mehr tragen. Sie legen jährlich neue Höhlen an. Meist nutzen sie schwache abgestorbene Laubbäume, aber auch Totäste als Brutraum. Das im Durchmesser nur 32 mm messende Einflugloch ist so klein, dass man die Höhle eindeutig als dem Kleinspecht zugehörig erkennt. Kleinspechte haben mit 6 bis 9 Eiern je Gelege die höchste Eizahl unter den Buntspechten.[49] Dies ist eine Anpassung an relativ hohe Verlustraten und Hinweis auf ein eher kurzes durchschnittliches Lebensalter. Ein weiterer Grund, wegen dem der Kleinspecht manche geeignet scheinende Wälder meidet, ist sein großer Verwandter, der Buntspecht. Obwohl der Kleinspecht jedes Jahr eine Höhle anlegt, findet der Buntspecht sie häufig und erbeutet die Brut.

Akrobatische Zwerge

In der mitteleuropäischen Kulturlandschaft kommt der Kleinspecht auch in ausgedehnten Streuobstgebieten vor. Weil in diesem Sekundärlebensraum

Kleinspecht *Dendrocopos minor*

- Kleinster heimischer Specht
- besonders flink und geschickt beim Klettern auch an dünnen Zweigen
- Beute (z. B. Blattläuse) wird meist von Blättern und Zweigen abgelesen.
- im Winter spielt weiches Totholz eine wichtige Rolle für die Suche nach Käferlarven
- führt spektakuläre Schauflüge durch
- Bruthöhle findet sich in weichem Totholz oft in Seitenästen
- meist großes Gelege mit bis zu 9 Eiern
- oft loser Kontakt zwischen den Partnern auch außerhalb der Brutsaison

Körperlänge: 14-16 cm

Flügelspannweite: 25-27 cm

Gewicht: 18-22 g

Gesang: helle, lang gereihte „ki-ki-ki-ki" Rufe. Vorsicht, reagiert stark auf Klangattrappe

Gesang

Trommeln: schnell und lang mit bis zu 30 Schlägen, wirkt hell und hoch („Nähmaschine"), Wirbel folgen schnell aufeinander

Trommeln

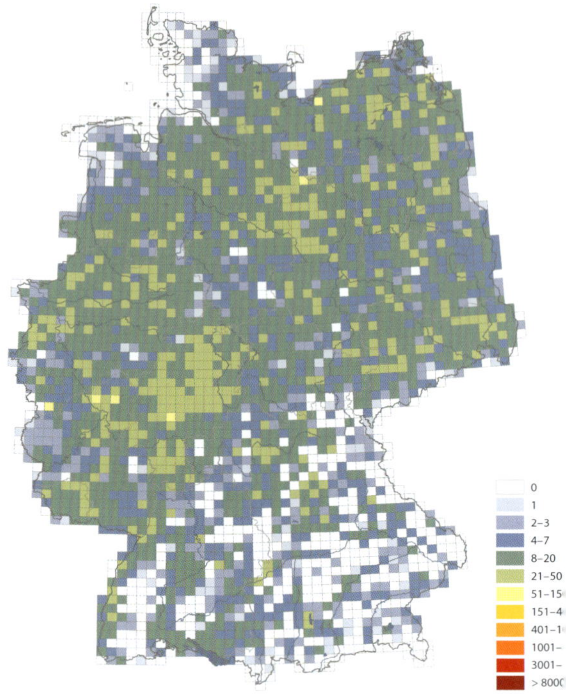

Der Kleinspecht besiedelt Deutschland in weiten Teilen. Besonders die Auenlandschaften sind wichtige Primärhabitate. Größere Verbreitungslücken finden sich entlang der Nordseeküste und im Süden. Das Voralpenland und die Alpen werden weitgehend gemieden. Quelle: ADEBAR

der nesträubernde Buntspecht während der Brutsaison meist fehlt, sind hier seine Bruterfolge deutlich höher als in geschlossenen Wäldern mit Buntspechtvorkommen.[49] Aus diesem Grund wirkt sich der landesweite Rückgang

Der Kleinspecht besitzt ein riesiges Areal, das sich über die gesamte Waldzone der Paläarktis erstreckt.

der Streuobstbestände in den letzten Jahrzehnten besonders negativ auf die Kleinspechtbestände aus. Doch auch in Skandinavien verzeichnet man einen besorgniserregenden Rückgang des Kleinspechts. Dort fehlen ihm durch die stark auf Nadelholz setzende Forstwirtschaft morsches Holz von Birke und Aspe sowohl für die Höhlenanlage als auch als Nahrungsgrundlage. Nach den Voraussagen des Klimaatlas für Vögel verschiebt sich das künftige Areal des Kleinspechts nach Norden und löst sich im Süden in kleinere Populationen auf.[50]

Lebenselixier Totholz

Ein Kleinspecht an seinem Trommelbaum in der Nähe der Bruthöhle.

Beobachtungstipp

So klein und unauffällig der Kleinspecht ist, so laut und markant ist seine Stimme. Oft findet man ihn über sein aufgeregtes langanhaltendes *kixen* oder sein Trommeln. Auwaldsäume, Streuobstbereiche aber auch Wälder mit viel Totholz sind bevorzugte Habitate. Dabei meidet er den Buntspecht, der oft die Nester des Kleinspechts plündert.

Beim Mittelspecht ähneln sich die beiden Geschlechter relativ stark. Das Männchen hier hat eine etwas leuchtendere Haube.

Der Mittelspecht

Weite Teile des Jahres kann man ihn leicht übersehen, da er sich deutlich leiser und unauffälliger als seine Verwandtschaft verhält. Nur sein lautes Quäken während der Balzzeit von Februar bis April ist ein sicheres Indiz für seine Anwesenheit. Sein Keckern mit den langen „kix"-Reihen ähnelt den Rufen des Buntspechts, aber der erste Ton ist etwas höher und insgesamt wirkt es schneller und erregter als beim größeren Verwandten. Überhaupt kann man Bunt- und Mittelspecht auf den ersten Blick durchaus verwechseln, zumal beide oftmals im gleichen Lebensraum vorkommen. Doch der Mittelspecht ist etwas kleiner und bewegt sich „flatterhafter" und weniger ruckartig als sein Verwandter. Beide Geschlechter haben eine sich über den ganzen Kopf erstreckende karminrote Haube, die bei Erregung stark aufgerichtet wird. Sein lautstarkes Gequäke – vornehm ausgedrückt: sein Frühlingsgesang – prägt sich sofort ein. Fast als ob ihm jemand den Hals zudrücken würde.

Der Mittelspecht gilt als Stocherspecht. Er braucht daher Bäume mit rauer Borke oder Totholz mit Spalten, da er mit seinem feinen, pinzettenartigen Schnabel in den Klüften und Rissen nach Insekten und Spinnen sucht.[76] Ähnlich wie viele andere Vogelarten ist auch der Mittelspecht kein Zeiger einer Waldgesellschaft,[134] sondern vielmehr einer Waldstruktur. Während er bis in die jüngere Vergangenheit als typischer Eichenspecht galt, weiß man heute, dass er auch in alten, über 180-jährigen Buchenwäldern vorkommt.[63,128,75] Diese Diskrepanz rührte daher, dass die Eiche mit ihrer bereits von Jugend an rauen Borke schon in einem Alter von 80 Jahren als Lebensraum für den Mittelspecht geeignet ist.[75] Bei Baumaltern von 200, im Spessart sogar bis 350 Jahren kann er also „normale" Wirtschaftswälder

der Eiche über viele Jahrzehnte besiedeln. Da er zwischen 10 und 30 ha geeignete Fläche pro Brutpaar benötigt, erfüllen sich seine Ansprüche deshalb im Rahmen der derzeitigen Forstwirtschaft vor allem im Eichenwald. Bei der Buche ist das völlig anders, weil hier das maximale forstliche Erntealter bei 120 bis 140 Jahren liegt. Doch erst ab diesem Alter beginnt die Borke der Buche zunehmend rissig zu werden und damit den Ansprüchen des Mittelspechtes zu genügen. An jungen glatten Buchen findet er mit seinen schwach ausgeprägten Krallen nicht einmal richtig Halt und braucht besonders viel Energie zur Nahrungssuche, bei gleichzeitig weniger Angebot. Das bedeutet, dass der Mittelspecht reine Buchenbestände nur dort nutzt, wo sie deutlich älter sind oder gar nicht mehr bewirtschaftet werden. Im regulären Buchen-Wirtschaftswald kommt der Mittelspecht deshalb nur dort vor, wo einzelne Eichen beigemischt sind.[76]

Mittelspechte suchen in den Ritzen grobborkiger Bäume nach Spinnentieren und Insekten.

Doch tritt er auch genauso an anderen Waldgesellschaften oder Baumarten mit alten und grobrissigen Baumindividuen wie in Erlenauwäldern, Streuobstwiesen oder in Südeuropas Olivenhainen auf.[125]

Alte Eichen für den Mittelspecht

Die Zahl der Mittelspechte hatte sich seit den 1970er Jahren zunächst in vielen Regionen Europas deutlich verringert, was auf den Rückgang der Mittelwälder und dem damit einhergehenden Rückgang der Eiche zurückzuführen war. Bei der Mittelwaldwirtschaft wurden einzelne starke Eichen (Bauholz) mit großer Krone in einem weiten Verband über einer zweiten Baumschicht für die Brennholzgewinnung gehalten. Von diesen lichten Strukturen profitierte der Mittelspecht deutlich. Die heute noch geeigneten Flächen schrumpfen und verinseln immer weiter. Im Jahr 2008 wurde in der Schweiz ein „Aktionsplan Mittelspecht“ ins Leben gerufen, dessen Ziel es ist, die lokale Population zu erhalten. Dazu sollen Eichenwälder neu geschaffen, Kernhabitate vernetzt und die verbliebenen Alteichen solange erhalten werden, bis sich deren Anteil durch das Heranwachsen jüngerer Eichen wieder ausreichend erhöht hat. Erst wenn mindestens 26 Eichen mit einem Durchmesser von wenigstens 35 cm auf Brusthöhe pro Hektar vorhanden sind und dies auf einer Fläche von mindestens 15 ha verwirklicht ist, sind die Lebensbedingungen für den Mittelspecht

Mittelspecht ***Dendrocopos medius***

- Typischer Stocherspecht, der Insektennahrung in Borke und Totholz sucht
- sucht seine Nahrung im Kronenbereich alter Laubbäume (Totholz)
- geschickter Kletterer trotz relativ kurzer Krallen
- im Winter nutzt er auch pflanzliche Kost wie Efeubeeren
- im Frühjahr nutzt er u. a. Baumsaft
- beide Geschlechter trommeln nur leise zum Höhlen zeigen, nicht zur Revierabgrenzung.
- Revier wird mit Quäk-Rufen besetzt
- während der Balz markante Flatterflüge

Körperlänge: 20-22 cm
Flügelspannweite: 33-34 cm
Gewicht: 50-70 g
Keckern: kick-kück-kück-kück-Rufreihe mit höherer Silbe zu Beginn.
Gesang: Markantes, unverwechselbares Balzquäken

Keckern

Quäken

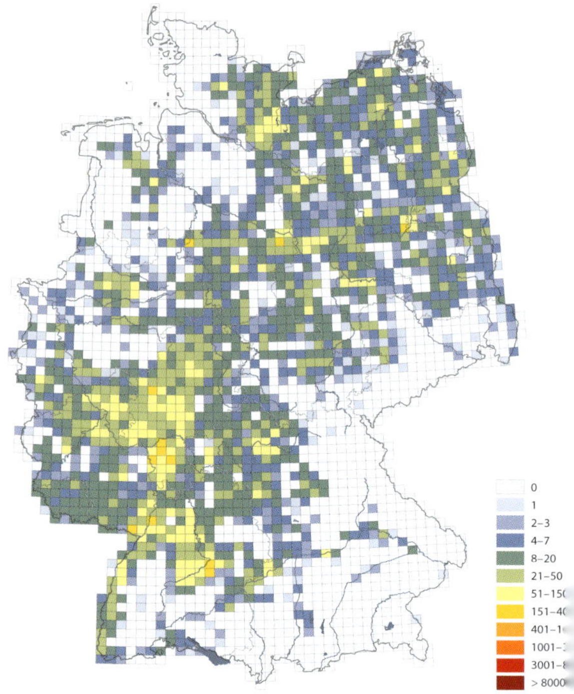

Der Schwerpunkt der Mittelspecht-Verbreitung liegt in den Laubwäldern der westlichen und südwestlichen Mittelgebirge, rund um den Odenwald. Die höheren Mittelgebirge und die Alpen meidet er. Quelle: ADEBAR

Im Kern ein Europäer

wieder gegeben. Nach neueren Erkenntnissen aus Spanien ist die Besiedlungs- und Aussterbewahrscheinlichkeit von Mittelspechtpopulationen allerdings weniger stark von ihrer Vernetzung anhängig, sondern hängt wesent-

Der Mittelspecht hat ein kleines, auf Europa beschränktes Verbreitungsgebiet.

lich von der Lebensraumqualität und der Größe der Populationen ab.[82] Genetische Untersuchungen zeigen zudem, dass sich Mittelspechte durchaus über Distanzen von mehreren Dutzend Kilometern ausbreiten können.

Das Verbreitungsgebiet des Mittelspechtes erstreckt sich über die gesamte warmgemäßigte Laubwaldzone westlich des Urals. Sein Hauptvorkommen liegt aber unter 600 m Meereshöhe ähnlich dem natürlichen Eichenvorkommen.[76] Sein heutiges Areal besiedelte er aus verschiedenen eiszeitlichen Refugien. So gab es Bereiche in Nordostspanien, in Südwestfrankreich, im Apennin und in den Tieflagen des Balkans, wo Mittelspechte ebenso wie die Eiche die Kaltzeiten überdauerten.[75,76,115]

Dennoch gehört der Mittelspecht zu den heimischen Spechtarten mit einem relativ begrenzten, weitgehend europäischen (und nordafrikanischen) Vorkommen, wodurch die Länder im Kerngebiet seiner Verbreitung eine besondere Verantwortung für den Erhalt dieser Art haben. Ähnlich wie bei anderen Spechtarten sieht ein Klimamodell die Zukunft der Art stärker im Norden.[50] Danach würde die Art Südengland, Südschweden und sogar Südfinnland besiedeln, wo sie heute noch nicht oder nicht mehr (Südschweden) vorkommt.

Durch den relativ schwach dimensionierten Stocherschnabel bevorzugt der Mittelspecht für den Bau seiner Höhlen besonders weiche Holzstrukturen.

Beobachtungstipp

Der Mittelspecht bewohnt bevorzugt Wälder mit dicken grobborkigen Bäumen, am besten mit hohem Totholzanteil in der Krone. Entsprechend häufig ist er in alten Eichenwäldern zu finden.

Das Buntspechtmännchen versucht zum Ende der Nestlingszeit einen männlichen Jungvogel, erkenntlich an der intensiv rot gefärbten Haube, aus der Höhle zu locken.

Der Buntspecht

Trifft man bei einem Spaziergang auf einen Buntspecht, schauen sich viele Vogelfreunde gar nicht mehr um, so häufig ist er. Dabei kann man gerade bei unserem verbreiteten Specht das ganze Jahr über erstaunliche Verhaltensweisen beobachten, die ihn zum erfolgreichsten heimischen Vertreter seiner Familie gemacht haben. Mit diesen Fähigkeiten hat er sich einen Lebensraum erschlossen, der vom Südrand der Tundra bis nach Nordafrika nahezu flächig verbreitet ist und dringt derzeit in weiten Teilen Europas in die urbanen Gebiete vor. Was macht ihn aber so erfolgreich?

Er ist der absolute Generalist unter den Spechten, der hochgradig omnivor (Allesfresser) ist und das breiteste Spektrum nutzt. Seine Nahrung erschließt er sich zum Teil mit erstaunlichen Techniken.[9] Auffällig sind die Schmieden, wo gelegentlich Berge von geleerten Zapfen auf seine Tätigkeit hinweisen (siehe Kapitel Nahrung). In Nord- und Mitteleuropa spielen Kiefern- und Fichtensamen eine große Rolle in seiner Winternahrung, was sich in den kräftigeren Schnäbeln dieser Vögel widerspiegelt. In Mastjahren der Fichte (Jahre üppiger Samenbildung) lassen sich in den Taigawäldern Bestandsschwankungen des Buntspechts um den Faktor 16 nachweisen.[44] Dieser Werkzeuggebrauch erfordert zweifellos besondere Geistesleistungen, die beim Buntspecht besonders ausgeprägt sind. Nur er und der Blutspecht sind in der Lage, sich gezielt Schmieden z. B. für die Bearbeitung von Samen anzulegen.

Aufgehackte Meisenkästen sind Indiz dafür, dass Buntspechte auch Jungvögel verschiedener Vogelarten erbeuten. Daneben ist er im Flachland der Specht, der am stärksten ringelt und damit den Baumsaft vor allem im

Die nadelspitzen Krallen ermöglichen Buntspechten akrobatische Klettermanöver. Hier ein Männchen mit rotem Nackenfleck.

Frühjahr nutzt, wo die Menge an Baumsamen bereits merklich nachlässt. Daneben kann er mit seinem Schnabel sowohl Insektenlarven von der Oberfläche absammeln, aber auch holzbewohnende Käfer aus Totholzstrukturen herausarbeiten. Seine besonders scharfen Krallen erschließen ihm auch glattrindige Baumarten wie Buchen, die anderen Arten wie dem Mittelspecht verwehrt bleiben.

Der Buntspecht gilt auch als die streitlustigste Art innerhalb einer ohnehin als einzelgängerisch geltenden Vogelfamilie. Legendär sind die Kämpfe, die er sich, besonders mit Staren, um eine Bruthöhle liefern kann. Das Zimmern und Ausbauen von Höhlen beschäftigen ihn das ganze Jahr. Dabei findet er mit erstaunlicher Effizienz Baumstellen mit Pilzbefall. Dennoch muss das Holz noch stabil genug sein, damit der Baummarder nicht einfach

Ein Weibchen, entsprechend ohne rotes Nackenband, das in der Höhle schläft.

Buntspecht *Dendrocopos major*

- Der Generalist – mit Abstand der häufigste Specht
- besonders flexibel bei der Nahrungswahl
- nutzt neben Insekten auch Baumsamen, Baumsäfte und Singvogelbruten
- Buntspechte führen eine Saisonehe
- Männchen und Weibchen bauen Bruthöhle gemeinsam
- z. T. extrem kurze Brutdauer von unter 10 Tagen
- eifriger Höhlenbauer
- Jungspechte legen Höhlen auch in Hausisolierungen an

Körperlänge: 22-24 cm

Flügelspannweite: 34-39 cm

Gewicht: 80-90 g

Rufe: Einzelne Kick-Rufe, meist mit kurzen Pausen und nicht strophig wie beim Mittelspecht

Kixen

Trommeln: sehr kurze, schnelle Wirbel (etwa 0,5 Sekunden), die 10-15 Schläge hören sich für unser Gehör wie drei bis vier Schläge an

Trommeln

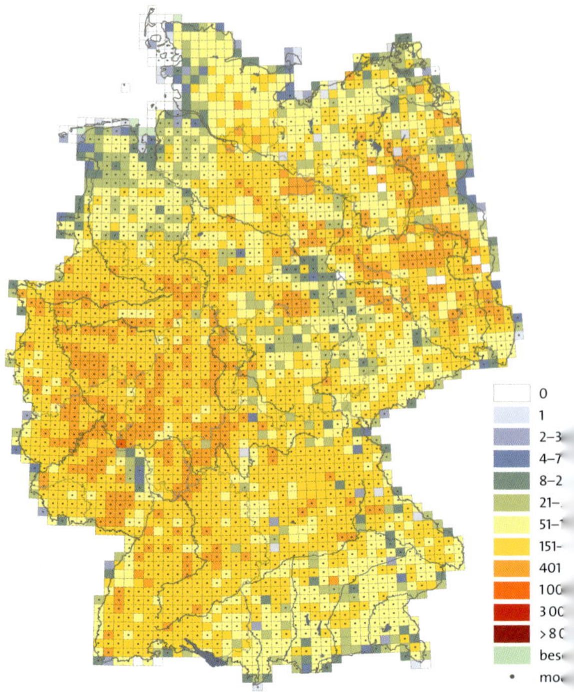

Der Buntspecht als Generalist besiedelt Deutschland flächendeckend, überall wo es Wald gibt. Quelle: ADEBAR

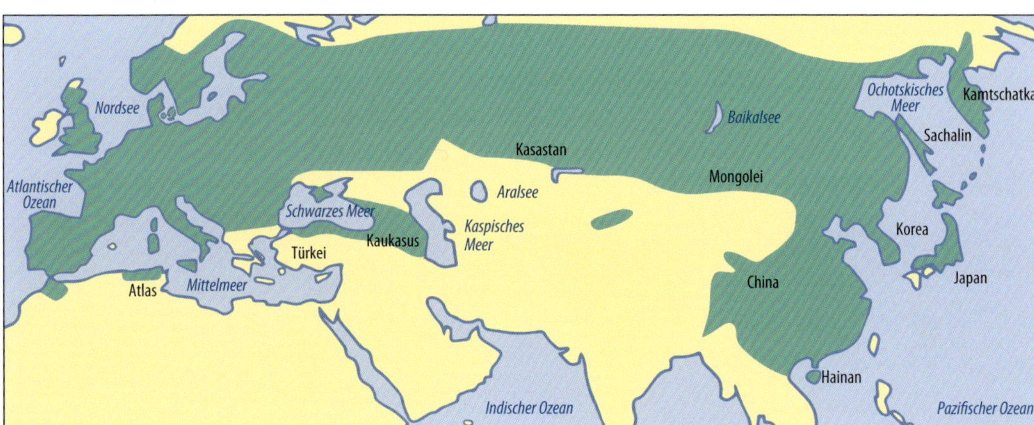

Der Buntspecht ist am weitesten von allen unseren Spechten verbreitet. Sein Areal erstreckt sich über die Waldzone der Paläarktis bis in die Amur-Region.

Im Totholz, aber auch unter Flechten suchen Buntspechte gerne nach Insekten und Spinnen.

die Höhlenwand herausbrechen kann. Tests mit dem Resistographen zeigten, dass hier kaum ein Härteunterschied zum Schwarzspecht zu erkennen ist. Im Schnitt entsteht jährlich eine neue Behausung, weil viele Buntspechthöhlen im Gegensatz zu Schwarzspechthöhlen deutlich weniger dauerhaft sind. Dies ist auch notwendig, da jeder Buntspecht eine eigene Schlafhöhle beansprucht. Buntspechte sind in unseren Wäldern die häufigste Spechtart, wobei es deutliche Unterschied in der Populationsdichte gibt. Sie ist können damit auch ein wichtiger Weiser für die Naturnähe von Wäldern sein. Obwohl der Buntspecht äußerst anpassungsfähig ist, kann seine Siedlungsdichte Auskunft über die Naturnähe eines Waldes geben. So schwanken seine Reviergrößen je nach Baumartenzusammensetzung und Struktur zwischen 1 und 60 ha. [46] In naturnahen, alten Wäldern erreicht er eine drei- bis fünffach höhere Siedlungsdichte als in vergleichbaren Reinbeständen. [108] Vergleichsweise gering scheint seine durchschnittliche Lebenserwartung. Nur 57 % der markierten Vögel lebten noch im folgenden Jahr. [77] Freilebende Buntspechte können aber auch über dreizehn Jahre alt werden, wie Langzeitstuden belegen.

Doch wie ist es um die Zukunft des Buntspechts bestellt? Selbst für diese enorm anpassungsfähige Art sehen die Prognosen wegen des Klimawandels eine Arealverschiebung Richtung Norden. [50] Weite Teile Spaniens und Italiens werden demnach nicht mehr geeignet sein.

Beobachtungstipp

Im Winter kann man den Buntspecht mit Fettblöcken in den Garten an das Futterhaus locken. Ansonsten hört man ihn ab dem zeitigen Frühjahr Trommeln. Nun muss man nur noch dem Geräusch folgen und hat gute Beobachtungschancen. Auch seine Hackgeräusche verraten ihn oft. Besonders in Wäldern oder Parks mit alten Laubbäumen trifft man ihn regelmäßig an.

Ein weiblicher Blutspecht mit Futter an der Höhle. Auffallender Unterschied zum Buntspecht ist das fehlende schwarze Band das vom Bartstreif zur Haube führt.

Der Blutspecht

Es war im Winter 2015/2016. Im Rahmen der „Stunde der Wintervögel" des Landesbundes für Vogelschutz wies eine Teilnehmerin im oberfränkischen Kronach das erste Mal eindeutig einen Blutspecht nach und meldete dies weiter. Dies war eine kleine Sensation, begleitet von zahlreichen Pressemitteilungen und zahllosen Exkursionen von begeisterten Vogelfreunden.

Ähnlich groß ist er wie der Buntspecht und auch von den Merkmalen ist er leicht mit dem Buntspecht zu verwechseln. Lediglich sein Wangen- oder Zügelstreifen erreicht nicht den Nacken. Namensgebend ist aber der blutrote Hinterkopffleck des Männchens, der ausgedehnter ist als beim Buntspecht.[119] Ein gutes Unterscheidungsmerkmal im Flug sind vor allem die Steuerfedern (Schwanz). Sie sind fast rein schwarz und weisen kaum einen weißen Punkt auf, während die des Buntspechts markant schwarz-weiß gebändert sind. Die Ähnlichkeit verwundert kaum, sind sie doch Zwillings- oder Geschwisterarten mit einem gemeinsamen Vorfahren. Nacheiszeitlich entwickelten sie sich dann in verschiedenen Arealen zu getrennten Arten weiter.

Sowohl sein wissenschaftlicher (*Picoides „syriacus"*) als auch sein englischer Name „Syrian Woodpecker" gibt einen Hinweise auf seinen Verbreitungsschwerpunkt. So stammt die erste Beschreibung der Art aus dem Libanon-Gebirge, das sich bis nach Syrien erstreckt. Sein Areal ist im Vergleich zum Bunt- oder Schwarzspecht klein. Vom Rande Mitteleuropas über die Türkei, bis in den Iran und Irak dehnt es sich am weitesten von allen Buntspechtarealen in den Südosten aus. Auch im Gazastreifen und in Israel kommt er vor.

Im vergangenen Jahrhundert hat sich das

Das Männchen hat ein ausgedehnteres Nackenband als der männliche Buntspecht. Markant ist auch der starke Schnabel.

Areal der Art markant verändert. Vom Balkan aus besiedelte sie das Karpatische Becken, dann die ungarische Tiefebene, die östliche Slowakei, Polen und entlang der Donau bald auch Österreich. In den 1960er Jahren trat der Blutspecht erstmals in Ostdeutschland in der Nähe der Naturschutzstation Steckby auf. Dennoch ist er hier nach wie vor ein seltener Gast. Erst 2016 erkannte die Bayerische Avifaunistische Kommission (BAK) den Nachweis für Bayern und Deutschland aufgrund eindeutiger Dokumentationen an.

Er lebt nicht im geschlossenen Wald, sondern auf relativ offenen Flächen, die nur locker mit Bäumen bestanden sind.[87] Obst- und Nussbäume[33] sind für ihn eine wichtige Nahrungsgrundlage, weil er sich von allen Spechtarten am meisten vegetarisch von Samen und Obst ernährt. Im Mittelmeerraum ist der pflanzliche Anteil im Vergleich zum Norden und Osten seines Areals besonders hoch.[9] Als einziger Specht füttert er sogar seine Jungen regelmäßig mit pflanzlicher Kost, wie z. B. dem Fruchtfleisch von Kirschen. Er ist die Spechtart mit der engsten Bindung an den Menschen, bzw. an deren Siedlungen und Kulturtätigkeit.[87] Auch für den Bau von Bruthöhlen sind vom Menschen geschaffene Strukturen interessant. Regelmäßig nutzt er Leitungsmasten und sogar Pfosten von hölzernen Ziehbrunnen. Seine Höhlen nutzt er in der Regel deutlich länger als der Buntspecht, meist zwei bis drei Jahre. Ähnlich wie der Buntspecht ist der Blutspecht äußerst plastisch in seiner Nahrungswahl. Er beherrscht ebenfalls die Technik des Schmiedens, wobei er seine Schmieden nicht so zielgerichtet wie der Buntspecht ausformt. Er benutzt die Schmieden hauptsächlich zum Öffnen von Nüssen. Er nutzt Baumsaft, wie sein naher Verwandter, ringelt aber nicht aktiv. Die Fähigkeit, Nahrungsdepots – meist in der Baumrinde – für nahrungsärmere Zeiten anzulegen, ist dagegen unter den europäischen Spechten einmalig. Diese Verhaltensweise setzt strategisches Handeln und ein gutes Erinnerungsvermögen voraus und ist ein weiteres Indiz für die relativ hohe Intelligenz aller Spechte.

Der Kulturfolger unter den Spechten

Wenn zwei so ähnliche Arten wie Bunt- und Blutspecht im gleichen Gebiet vorkommen, ist eine starke Konkurrenz zwischen den Arten wahrscheinlich. Tatsächlich kommt es zwischen den beiden Arten zu Revierauseinander-

Blutspecht ***Dendrocopos syriacus***

- ursprünglich im Nahen und Mittleren Osten beheimatet, verbreitet die Art seit dem 19. Jh. erheblich ihr Areal bis nach Mitteleuropa
- bevorzugt offene Landschaften mit einem lichten Baumbestand
- hoher Anteil pflanzliche Kost (bis zu 50 %), besonders gern reifes Steinobst
- auch Jungvögel werden mit Früchten gefüttert
- kein ausgesprochener „Hackspecht"
- ringelt nicht
- ausgeprägter Kulturfolger
- gelegentlich Hybride mit Buntspecht, die fertil sind

Körperlänge: 23-25 cm

Flügelspannweite: 33-34 cm

Gewicht: 50-70 g

Rufe: Erregungsrufe weicher und höher als beim Buntspecht, oft stärker voneinander abgesetzt.

Trommeln: ähnelt dem des Buntspechts, aber etwas länger und am Ende beschleunigt

Einzelruf

Trommeln

setzungen (interspezifische Konkurrenz), aber auch zu Mischbruten (Hybridisierung). Die daraus hervorgehenden Hybriden können sich im Gegensatz zu den Mischlingen von Grau- und Grünspecht sogar fortpflanzen. Die ökologischen Nischen der beiden Arten unterscheiden sich aber dennoch deutlich. Der Blutspecht ist in seinem ursprünglichen Vorkommen eine Art des fortgeschrittenen, lichten Endstadiums von Urwäldern (Zerfallsphase), der Buntspecht dagegen ist der Bewohner geschlossenerer, jüngerer Waldentwicklungsphasen,[94] was sich auch darin zeigt, dass der Blutspecht bei der Nahrungssuche in morschem Holz weniger tief eindringt und auch häufiger und ausdauernder Nahrung im Flug erbeutet.[87]

Weil er sehr offene, nur mit wenigen Bäumen bestandene Gebiete besiedelt, wird der Blutspecht sogar als „Steppenspecht" bezeichnet.[9] Dies schlägt sich auch in den Prognosen des englischen Vogelklima-Atlasses nieder, in dem dem Blutspecht eine deutliche Ausweitung seines Lebensraumes nach Norden vorausgesagt wird und er von allen Spechtarten am stärksten von der Klimaerwärmung profitieren wird.[50]

Ausgesprochen klein ist das Areal des Blutspechts. Sein Schwerpunkt bildet Südosteuropa bis zum Persischen Golf und dem Kaspischen Meer.

Blutspechtmännchen (oben mit rot) und Weibchen am Brutbaum.

Beobachtungstipp

Blutspechte sind bei uns noch selten anzutreffen, aber man sollte entsprechend vermeintliche Buntspechte genauer betrachten, ob es sich nicht um einen Blutspecht handelt. Ansonsten bietet sich eine Reise an den Neusiedler See oder an das östliche Mittelmeer an. Hier trifft man sie in den Siedlungen in unmittelbarer Nähe zum Menschen an. Das Verhalten ähnelt stark dem des Buntspechts.

Das Weibchen des Weißrückenspechtes hat wie beim Buntspecht keinerlei Rot am Kopf. Der deutlich massivere Schnabel im Vergleich zum Buntspecht ist gut zu sehen.

Der Weißrückenspecht

Er ist der größte unter den Buntspechten mit einem besonders markanten, kräftigen Schnabel. Namensgebend ist aber der weiße Rücken, der in Mittel- und Nordeuropa auffällig schneeweiß und ungestreift ist (*leucotos*). So lässt sich bei beiden Geschlechtern auch im Flug die Art sicher bestimmen. Ein weiteres Merkmal ist die stark gestrichelte Brust, die ihn gut vom Buntspecht unterscheidet. Der Scheitel des Männchens ist komplett rot und mit einer dünnen schwarzen Linie gesäumt.

Das Nahrungsspektrum des Weißrückenspechtes ist relativ eng begrenzt. Es konzentriert sich überwiegend auf Larven holzbewohnender Käfer- und Ameisenarten. Mit seinem kräftigen Schnabel kann er sich selbst dann noch zu ihnen vorarbeiten, wenn sie sich tief im Holz verpuppt haben. Rossameisen, die er aus den rotfaulen Stammanläufen von Fichten erbeutet,[79] können zeitweise die Hälfte seiner Nahrung stellen. Nach skandinavischen Studien sucht er über 70 % seiner Nahrung an Totholz[47] und 96 % an Laubbäumen.[1] Buchenstümpfe, die oft mit waagrechten, dicht untereinander verlaufenden Hackspuren überzogen sind, werden teilweise großflächig entrindet und wirken wie mit Holzmehl bestäubt. Besonders Buchenwerft- und Pochkäferlarven stellt er an diesen trockenen Buchentotholzstämmen nach. Aber auch liegendes durchaus schwächeres Totholz bis zu stärkeren Ästen nutzt er regelmäßig.

Global betrachtet hat der Weißrückenspecht seinen Schwerpunkt im Osten, vor allem in den Wäldern des Karpatenbogens. In den Buchenurwäldern der Westkarpaten ist er sogar die häufigste Spechtart. Die Vorkommen in Süd- und

Mitteleuropa sind folglich die westlichsten Ausläufer seines Areals. In Mitteleuropa kommt die Art überwiegend in den Alpen vor, von Österreich über Deutschland bis in die Schweiz. Hier in den westlichen Alpen gibt es entgegen des Trends seit Mitte der 1990er Jahre Ansiedlungen [63] und auch in Baden-Württemberg deuten einige neue Brutpaare auf eine Westausbreitung hin.

Abwärtstrend trotz Westausbreitung

In weiten Teilen Europas, vor allem in Skandinavien und Finnland, befindet sich die Art dagegen deutlich im Rückgang und galt in Schweden bereits als ausgestorben. Als Grund dafür sehen viele Autoren in der forstwirtschaftlichen Nutzung in weiten Teilen des borealen Waldgürtels. Intensivierung in der borealen Zone. Aktuell läuft ein großes Forschungsprojekt der Schweizer Vogelwarte mit dem Ziel herauszufinden, unter welchen Rahmenbedingungen der Weißrückenspecht in den Alpen auch bewirtschaftete Wälder besiedelt. Diese Erkenntnisse könnten zumindest im Staatswald unmittelbar in das Waldmanagement des Bergwaldes einfließen. Erste Telemetrieergebnisse zeigten kleinere Streifgebiete von ca. 40 ha zur Brutzeit und deutlich größere im Winter von bis zu 178 ha. [19]

Ein männlicher Weißrückenspecht mit der roten Haube, die schwarz eingefasst ist. Gut zu erkennen ist auch, dass der Bartstreifen y-artig verläuft und nicht geschlossen ist. Ebenfalls typisch die starke Strichelung auf der Vorderseite.

Es ist bekannt, dass die Art im Alpenraum alte, totholzreiche Bergmischwälder mit mächtigen Buchen, Tannen und Fichten, aber auch Bergahornen in südlicher Exposition bevorzugt besiedelt. [24] Aber auch im Alpenvorland kommt er in gallerieartigen Erlenwäldern entlang von Flüssen und Bächen vor. Ganz entscheidend scheint im Winter eine ausreichende Menge an stehendem Totholz zu sein. So ermittelte man für Reviere von Weißrückenspechten in Österreich durchschnittlich 58 Festmeter Totholz pro ha, was fast urwaldähnlichen Verhältnissen entspricht. Zudem müssen sich diese Strukturen mindestens in einer Größenordnung von 50 bis 100 ha erstrecken, um allein für ein Paar ein Auskommen zu sichern. [24] Neue Studien aus Bayern bestätigen die hohen Totholzwerte, zeigen aber auch, dass bereits mittelalte Bestände besiedelt werden (späte Wachstums- und frühe Reifungsphasen), wenn sie entsprechend reich an Totholz sind. Dabei spielt auch schwächeres stehendes Totholz eine wichtige Rolle. Die hierbei festgestellten Reviergrößen lagen bei rund 200 ha. [100] In rumänischen Buchenurwäldern, wie um den Semenic mit durchschnittlich rund 80 Festmeter Totholz pro Hektar, ist der Weißrückenspecht die häufigste Spechtart. Damit haben Weißrückenspechte die größten Ansprüche bezüglich der „Naturnähe" ihres Habitats und sind ein wichtiger Indikator für ökologisch wertvollste Waldstrukturen und der damit einhergehenden Artenvielfalt. [81,94]

Weißrückenspecht *Dendrocopos leucotos*

- Alt- und „Urwaldzeiger"
- typischer Hackspecht mit großem Schnabel
- Nahrung bilden v. a. Bock- und Prachtkäferlarven in absterbendem oder totem Holz, daher hohe Ansprüche an Totholz, auffällig oft horizontale Hackspuren am Totholz
- leidet besonders unter Intensivierung im Bergwald
- loser Zusammenhalt zwischen den Partnern auch nach Brutsaison
- Bruthöhle meist in abgestorbenen Laubbäumen
- im Jugendkleid haben beide Geschlechter eine rote Haube

Körperlänge: 25-28 cm

Flügelspannweite: 38-40 cm

Gewicht: 100-115 g

Rufe: Ruf ähnelt dem des Buntspechts, aber leiser und tiefer, oft zu kurzen Strophen gereiht

Ruffolge

Trommeln: läuft gegen Ende hin aus und wird schneller und leiser (bis 2 Sekunden); erinnert stark an Dreizehenspecht, vor allem das Trommeln des Weibchens

Trommeln

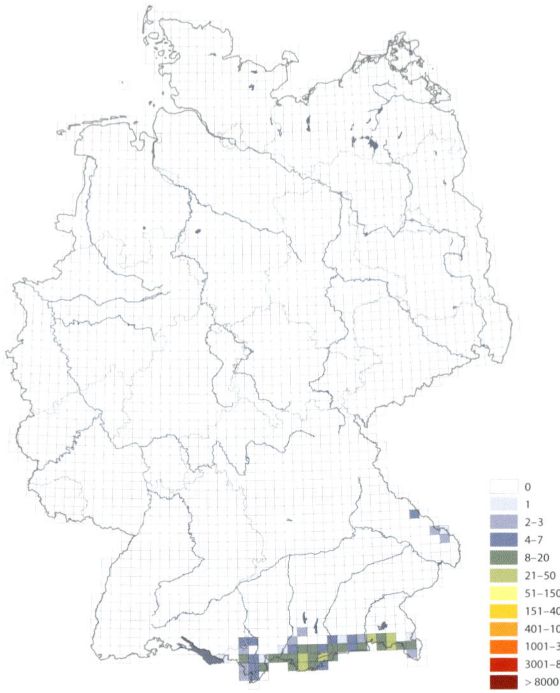

Der Weißrückenspecht ist bei uns eine typische Art der totholzreichen Bergmischwälder. Entsprechend kommt er vor allem in den Alpen und lokal im Bayerischen Wald vor. Quelle: ADEBAR

Der Weißrückenspecht ist vor allem im Laubwaldgürtel der östlichen Paläarktis verbreitet. Ein kleines isoliertes Vorkommen existiert in den Pyrenäen.

Weißrücken- (unten) und Buntspecht (oben) im Vergleich. Der Weißrückenspecht ist etwas größer und zeigt im Gegensatz zum Buntspecht eine Querbänderung der Schwingen sowie eine Strichelung der Brust.

In von Weißrückenspechten besiedelten Waldparzellen kommt im Durchschnitt eine um 13 % höhere Vielfalt an Vögeln vor als in Planquadraten ohne diese Art.[81] Diese Indikatorfunktion besitzt der Weißrückenspecht aber lediglich im nördlichen Europa.[94] In Südeuropa mit seinen milderen Wintern kommt er auch in jüngeren Wäldern vor und begnügt sich dort mit einem geringeren Angebot an Totholz. Scheinbar ist es der Mangel an Alternativnahrung in den strengeren Wintern Mittel- und Nordeuropas, der durch ein hohes Angebot an totem Holz kompensiert werden muss.

Schlüsselstruktur Totholz

Die Geschlechter des Weißrückenspechtes teilen sich in ihrem Streifgebiet das Nahrungsangebot auf.[94] Dazu suchen sie nicht nur Nahrung an unterschiedlichen Plätzen, sondern unterscheiden sich auch in der Art der Nahrungssuche. Männchen suchen intensiver an dickeren Stamm- und Astabschnitten und meißeln tiefer im Holzkörper. Weibchen dagegen arbeiten höher am Baum, entrinden mehr, verweilen kürzer an einem Nahrungsort und suchen näher an der Oberfläche des Stammes nach Nahrung. Die Weibchen des Weißrückenspechtes haben tendenziell einen kürzeren und etwas schwächeren Schnabel.[92,33] Markant sind auch die immer schneller werdenden Trommelwirbel, die kurz nach Flüggewerden der Jungen offenbar auch als Warnung eingesetzt werden. Neben der Waldbewirtschaftung ist nach einem englischen Prognosemodell auch der Klimawandel für diese Art ein gravierender Negativfaktor. Danach löst sich das Verbreitungsgebiet in Mittel- und Osteuropa immer mehr in kleine, mehr oder weniger stark voneinander getrennte Populationen auf. Der Anschluss an die geschlossene nordeuropäische Verbreitung droht verloren zu gehen. Insgesamt verschiebt sich das Areal.

Beobachtungstipp

Der Weißrückenspecht kommt in Mitteleuropa vor allem in den Alpen und seltener im Bayerischen Wald vor. Am besten kann man den scheuen Specht während der Balz von Anfang März bis Anfang Juni beobachten. Durch seine auffälligen, schneller werdenden Trommelwirbel macht er auf sich aufmerksam und warnt seine Jungvögel. Die höchste Trommelaktivität hat die Art rund eine Stunde nach Sonnenaufgang. Vor allem in totholzreichen, alten Laub- und Mischwäldern mit Südexposition hat man Erfolgsaussichten: im Murnauer Moos an den Erlengaleriewäldern, am Eibsee bei Garmisch-Partenkirchen oder in den Bergmischwäldern des Nationalparks Berchtesgarden sowie weiteren Gebieten in Bayern. Die höchste Dichte an Weißrückenspechten kennen wir aber vom Semenic Urwald in Rumänien, nahe Garana/Wolfsberg.

Der Dreizehenspecht

Ist man in einem Bergfichtenwald unterwegs und hört einen Specht ausdauernd hacken, lohnt es sich genau hinzusehen, denn es könnte ein Dreizehenspecht sein. Diese Spechtart ist meist nicht besonders scheu und lässt sich leicht beobachten. Das Verbreitungsgebiet des Dreizehenspechtes deckt sich weitgehend mit dem Vorkommen der Fichte. Entsprechend ist die Art im ausgedehnten Taiga-Gürtel der gesamten nördlichen Hemisphäre genauso verbreitet wie in dem subalpinen Waldgürtel von Alpen, Karpaten und Rhodopen. Ursprünglich als eine Art mit riesigem Areal geführt, trennen jüngere genetische Untersuchungen sie in einen eurasischen (*Picoides tridactylus*) und einen amerikanischen Dreizehenspecht (*Picoides dorsalis*).[26]

Der Lebensraum der Art ist geprägt durch lange, strenge Winter und eine kurze Vegetationszeit. Möglicherweise um weniger Wärme zu verlieren, besitzt er als einziger europäischer Specht nur drei Zehen und hat einen besonders kompakten Körperbau. Wie gut er mit nur drei Zehen zurechtkommt, beschreibt eine etwas makabere Geschichte aus der Zeit der „Flintenornithologie“. Darin wird von folgendem Erlebnis mit dem Dreizehenspecht im Rahmen einer „Vogelkartierung“ im Jahre 1909 berichtet: „Wenn man ihn schießt, selbst wenn er sofort tödlich getroffen ist, hat er die erstaunliche Fähigkeit, am Stamm hängen

Ein Dreizehenspechtmännchen füttert einen frisch ausgeflogenen Jungvogel am Höhlenbaum.

Das Dreizehenspechtmännchen hat eine markant goldgelbe Stirn und einen etwas kräftigeren Schnabel.

zu bleiben. Wo Stämme mit Moos besetzt sind, ist es unmöglich, sie zu Boden zu bringen. Nur wenn man sie im Fluge trifft, fallen sie herunter, ansonsten haften sie sicher [am Stamm] über den Halt ihrer starken Krallen.[3] Diese Art der Vogelforschung, die unter frühen Ornithologen gängige Praxis war, veranschaulicht eindrücklich drei Fakten über das Forschungsobjekt: Den erstaunlich guten Halt am Stamm, der aus der Kombination von Zehenstellung und den spitzen Krallen resultiert, die große Vertrautheit des Dreizehenspechtes und die äußerst unverkrampfte Distanz des Wissenschaftlers zum Studienobjekt.

Der Dreizehenspecht ernährt sich unter günstigen Bedingungen zu mehr als 90% von Borkenkäfern.[80] In Jahren mit geringer Borkenkäferdichte spielen Bockkäferlarven eine wichtige Rolle in der Diät.[90] Im Gegensatz zu den Buntspechten legt er auch während der Brutzeit weitere Distanzen bis zu 1,5 km von der Bruthöhle zu potenziellen Nahrungsplätzen zurück.[79] Die Art besiedelt natürliche Hochlagenfichtenwälder, die eher extensiv bewirtschaftet sind. Dies wurde mit einer Studie von über 600 Brutpaaren nachgewiesen.[100] Bei dieser Erhebung wurden Reviergrößen von rund 100 ha und nahezu flächiger Besiedlung der subalpinen Fichtenwälder ermittelt. Die Angaben für die Reviergrößen für diese Art schwanken von 11 bis 147 ha.[9,93] Beim Dreizehenspecht teilen sich die Geschlechter ihren Lebensraum für die Nahrungssuche noch deutlicher als beim Weißrückenspecht auf, wobei das Weibchen einen schwächeren Schnabel besitzt.[93] Damit ist der Dreizehenspecht der Specht unserer Fauna mit dem stärksten Sexualdimorphismus. Das dominante Männchen besitzt den stärkeren Schnabel, sucht zwischen 4 bis 7 m Höhe am Stamm und tiefer in der Borke nach Nahrung. Dort findet sich das üppigere Nahrungsangebot. Das Weibchen mit seinem kleineren Schnabel hingegen ist flexibler, sammelt mehr ab oder hackt nur oberflächlich, verweilt kürzer und an schwächeren Baumteilen. Diese Nischenaufteilung verhindert eine interne Konkurrenz und macht die Nahrungssuche effektiver. Besonders in Zeiten des Nahrungsmangels dürfte diese Rollenverteilung einen entscheidenden Beitrag zum Überleben leisten.

Charaktervogel des Nadelwaldgürtels

Die Gelege des Dreizehenspechts haben im Durchschnitt weniger Eier als die der anderen Spechtarten. Die Nestlingszeit ist von allen heimischen Specht-

Dreizehenspecht ***Picoides tridactylus***

- Borkenkäferspezialist im nördlichen Nadel- und im Bergfichtenwald.
- benötigt viel stehendes Totholz
- nutzt im Frühjahr auch Baumsäfte (typische Ringelbäume)
- starke Bindung zwischen den Partnern auch außerhalb der Brutsaison
- Wiederverpaarungen häufig
- Bruthöhlen vor allem in abgestorbenen Fichten
- Weibchen beteiligt sich nicht am Höhlenbau
- extrem lange Führungszeit der Jungvögel ~ bis 3 Monate
- Männchen nutzt vor allem dicke und Weibchen dünnere Stammbereiche, teilen sich so den Lebensraum auf, beide trommeln

Körperlänge: 21-22 cm

Flügelspannweite: 32-35 cm

Gewicht: 60-75 g

Rufe: weiches „güg" oder spitzes „kück", wenig ruffreudig

Trommeln: relativ lang, wird zum Ende hin schneller.

Rufe

Trommeln

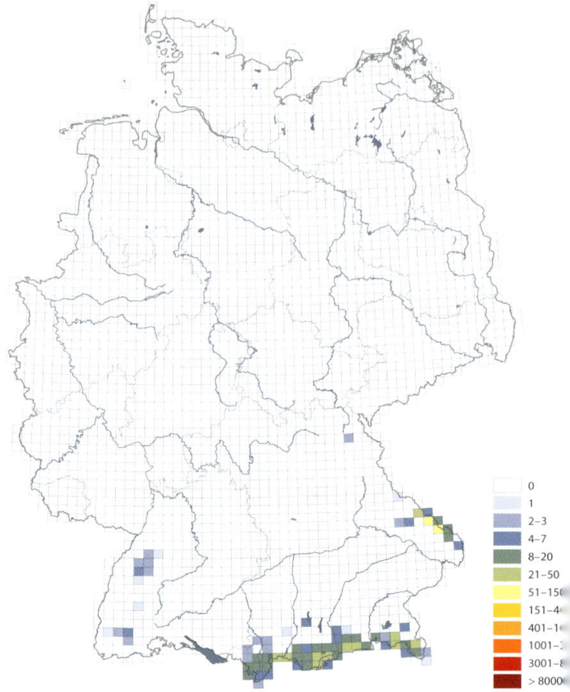

Der Dreizehenspecht besiedelt in Deutschland die Alpen und die höheren Mittelgebirge mit einer natürlichen Fichtenzone. Hier zeigt er eine ausgeprägte Bindung an lichte, totholzreiche Fichtenwälder. Quelle: ADEBAR

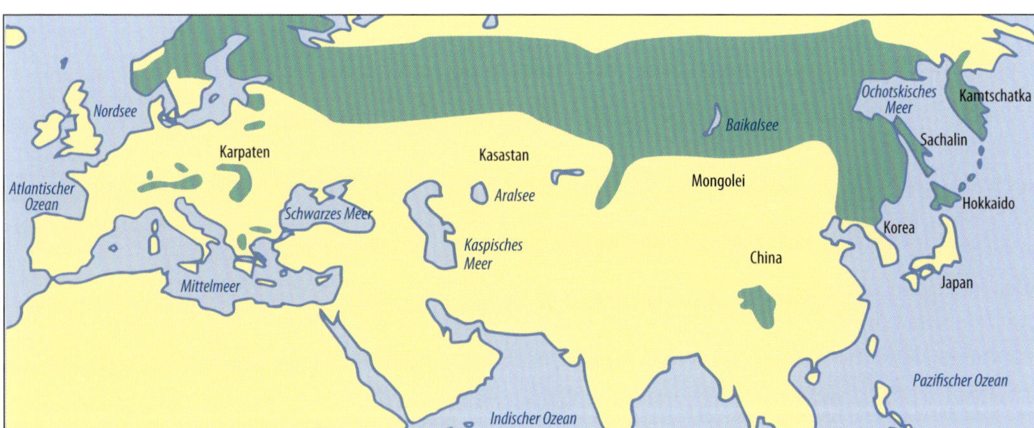

Der Dreizehenspecht bewohnt die borealen Nadelwälder der gesamten Paläarktis und die subalpinen Fichtenwälder.

Ein Dreizehenspecht-weibchen ohne die gelbe Stirn. Am Schnabel erkennt man noch Reste von Harz, wohl vom Ringeln oder der Borkenkäfer-jagd.

arten die längste und auch die Mauser ist auf die besonderen Lebensbedingungen eingestellt. Erstaunlicherweise wechseln die kleinen Dreizehenspechte ihre Handschwingen bereits in der Höhle, noch bevor sie sie jemals benutzt haben.[90] Sie sollen gleich voll flugfähig in den kurzen Bergsommer entlassen werden, so die Hypothese.[34,90] Zusätzlich führen Dreizehenspechte ihre Jungen noch ein bis zwei Monate, also fast doppelt so lang wie die anderen Arten.[93,34,90] Unter den oft unwirtlichen Wetterbedingungen scheint eine intensive Betreuung durch die Altvögel die Überlebensrate der Jungvögel zu erhöhen. Dies spiegelt sich auch im durchschnittlichen Bruterfolg von nur 1,8 Jungen wieder. Bei anderen Spechtarten liegt er dagegen bei rund 3,3 Jungen.[78]

Ähnlich wie der Weißrückenspecht braucht auch der Dreizehenspecht Wälder mit einem hohen Angebot an totem Holz. Er legt alljährlich neue Höhlen an und ist deswegen der wichtigste Höhlenproduzent im subalpinen Bergwald, zumal der Buntspecht dort nur noch sporadisch in sehr geringer Dichte vorkommt. Rund 33 Festmeter Totholz pro ha fanden Untersuchungen für den Schweizer Bergfichtenwald[13] als kritischen Schwellenwert heraus. Sinkt die Menge an totem Holz unter diesen Wert, findet der Dreizehenspecht kein Auskommen mehr. Den Dreizehenspecht sehen Prognosen auch als den deutlichen Verlierer der Klimaerwärmung unter den Spechten. Zwar nehmen mit der globalen Klimaerwärmung zunächst die Borkenkäferbestände zu und die Lebensbedingungen verbessern sich für diese Art. Langfristig wird die Fichte aber deutlich an Areal verlieren, weil sie weiter nach Norden und in größere Höhen abgedrängt werden wird. Damit büßt auch der Dreizehenspecht zumindest in Mitteleuropa an Lebensraum ein. Nach dem englischen Klimamodell wird die Art nahezu alle Gebirge außerhalb der Alpen räumen und auch in Skandinavien weiter nach Norden abgedrängt. Zentraleuropäische Mittelgebirge gehören nach diesen Vorhersagen nicht mehr zum Lebensraum der Art.[34]

Beobachtungstipp

Der Dreizehenspecht ist erstaunlich wenig scheu. Die besten Chancen auf eine Beobachtung hat man im Vorfrühling zwischen März und Mai in fichtenreichen Bergwäldern mit hohen Totholzanteilen. Markant ist sein Trommeln, das zum Ende hin schneller wird. Gute Beobachtungsmöglichkeiten finden sich an zahlreichen Orten in den Alpen z. B. am Spitzingsee unweit des Rotwildgatters, am Eibsee, an der Aueralm nahe des Tegernsees, im Nationalpark Bayerischer Wald und am Feldberg im Schwarzwald, um nur einige Plätze zu nennen.

Ein Schwarzspechtweibchen an seiner Bruthöhle. Die Algen am Stamm sind durch den häufigen Anflug im Bereich der Stützschwanzfedern nahezu vollständig abgeschabt.

Der Schwarzspecht

Er ist der größte und beeindruckendste unter unseren heimischen Spechten. Auch weltweit gehört er mit einer Körperlänge von 50 cm von der Länge her zur Spitzengruppe. Von den Buchenwäldern der Pyrenäen bis nach Japan und von den borealen Nadelwäldern Fennoskandiens bis weit in den Süden Italiens ist er verbreitet. Er fehlte zur Mitte des 19. Jahrhunderts in weiten Teilen der Norddeutschen Tiefebene.[98,140] Niedrige Waldanteile, starke Habitatzersplitterung, ausgeplünderte, lichte Nieder- und Mittelwälder mit geringen Baumdimensionen hatten dem großen Specht in weiten Teilen den Waldlebensraum entzogen. Dazu kam seine direkte Verfolgung als Forstschädling, der Löcher in die vermeintlich schönsten Stämme zimmert. Und schließlich stellte man ihm auch nach, um sich den Speiseplan etwas aufzuwerten.[98] Es waren die steileren, dünner besiedelten und schlechter zugänglichen Mittelgebirge, die das Refugium bildeten, in dem er überlebte und von wo seine Ausbreitung Ende des 19. Jahrhunderts ausging.

Sowohl in Deutschland als auch in anderen Teilen Europas hat er beträchtliche Areale wiederbesiedelt. Ein wesentlicher Grund hierfür ist neben der Einstellung der Jagd auch die veränderte Forstwirtschaft. Von der Umstellung auf die Hochwaldbewirtschaftung hat er besonders profitiert. Wurde im Mittelwald die stockausschlagfähige Eiche als Bauholz- und Eichellieferantin besonders gefördert, kehrte nun die schattenverträgliche Rotbuche als sein beliebtester Höhlenbaum zurück. Viele Mittel- und Niederwälder wurden ersetzt – durch Fichtenbestände, die den Ansprüchen der aufkommenden Industraliserung besser entsprachen.

Eine Reihe von neueren Arbeiten lassen den Schwarzspecht als plastischen Habitatgeneralisten erscheinen,[98,48] der mit seinem kräftigen

Ein Schwarzspechtmännchen, erkennbar an der komplett roten Haube, im Anflug.

Rechts: Ein Männchen lockt mit „Dohlenrufen", um seine Höhle zu präsentieren.

Schnabel an Nadelbäumen ebenso effektiv wie an Laubbäumen Nahrung findet. Andere Arbeiten sehen eher eine Vorliebe für die Fichte als Nahrungsmedium.[11] Dabei ist der Schwarzspecht hochgradig Insektivor mit besonderer Vorliebe für Ameisen.

So meißelt er in der Fichte die auffälligen Schächte in den Stammanlauf, um dort die Rossameisenbrut (*Camponotus*) zu erbeuten. Am Stamm kann er mit seinem massiven Meißelschnabel sehr geschickt die Rinde abstemmen, um sich darunter liegende Borkenkäferlarven zu erschließen. Die Wurzelstöcke von Nadelholz zerlegt er vor allem im Winter auf der Suche nach Bockkäfer- und Holzwespenlarven. Aber auch die Waldameisenarten (*Formica*) spielen als Beute in Nadel-

Trotz der riesigen Schnäbel können Schwarzspechte sehr fein damit arbeiten und kleinste Käferlarven erbeuten. So öffnen sie auch anderen Arten, wie Meisen oder Baumläufern, den Zugang.

wäldern von November bis März eine wichtige Rolle. Aber auch Buchenwälder sind günstige Nahrungshabitate, wenn sie entsprechende Totholzvorräte aufweisen. [48] Alte Buchenstümpfe zeigen dabei ganz ähnliche Nahrungsschächte wie sie von der Fichte bekannt sind.

Ein bis drei Quadratkilometer Waldfläche pro Schwarzspechtpaar

Von Laub- bzw. Nadelholz dominierte Vergleichsgebiete in Mitteleuropa (Solling) unterschieden sich nicht in ihrer Besiedlungsdichte. Schwarzspechtpopulationen erreichen in gemäßigten Breiten mit einem hohen Nadelholzanteil, mit rund 1 bis 1,3 Paaren/100 ha, ähnliche Dichten wie in den Buchenurwäldern der slowakischen Karpaten. [143] Durchschnittliche Reviergrößen in Mitteleuropa liegen bei rund 200 bis 300 ha. [36] In Nordeuropa mit kürzerer Vegetationsperiode, langer Schneebedeckung deutlich geringeren Holzzuwächsen stellt sich die Situation deutlich anders dar. Hier sind die Schwarzspechtdichten deutlich geringer. In schwedischen und finnischen Nadelwäldern liegen die Aktionsräume während der Brutzeit zwischen 800 und 1300 ha. [36]

Ob Schwarzspechte territorial sind oder eher ein „home range" besitzen, ist nicht leicht zu beantworten und wird kontrovers diskutiert. Einerseits kennt man die vehement vorgetragene Verteidigung z. B. der Höhle gegenüber Artgenossen. Andererseits gibt es Beispiele, wo Schwarzspechtpaare weniger als 100 m voneinander entfernt brüten. Überwiegend liegen die Höhlenzentren aber rund einen Kilometer auseinander. Vieles spricht dafür, dass Schwarzspechte ein home range besitzen. [11] Zentrale Orte wie Brut- und Schlafhöhle, aber auch der Trommelbaum oder ein sehr guter Fraßplatz, werden darin aktiv verteidigt. Eine klare Grenze, die abpatrouilliert wird, gibt es aber nicht.[11,36] Auch die Größe dieses Streifgebiet ist von Jahr zu Jahr variabel. Während der Brutzeit kehren die Eltern regelmäßig mit Futter im Kropf zur Höhle zurück. Dann ist der Aktionsradius häufig um zwei Drittel geringer als im Winter. Ob in der Brutzeit Männchen und Weibchen in unterschiedlichen Aktionsräumen agieren, um Konkurrenz zu vermeiden, ist für den Schwarzspecht bisher nicht nachgewiesen.[11] Damit könnte die Fütterfrequenz steigen und die Jungen schneller flügge werden, so die Hypothese.[11]

Favorit Rotbuche

Eindeutig ist die Vorliebe für die Buche als Brutbaum. In ihrem Verbreitungsgebiet ist die Buche mit Abstand der beliebteste Höhlenbaum des Schwarzspechts.[11,137] Grund dafür scheint die glatte Rinde und die langen astfreien Schäfte zu sein, die vor Beutegreifern wie dem Baummarder schützen.[138]

Insgesamt ist der Schwarzspecht gemeinsam mit dem Buntspecht und dem Blutspecht eine der wenigen Spechtarten, die sowohl ihr Areal ausgedehnt, als auch ihren Bestand vergrößert hat.[33,34,7,63,31]

Der Klimawandel wird das Waldkleid Deutschlands verändern. Wie der Schwarzspecht davon betroffen sein wird, bleibt abzuwarten. Da es sich um eine anpassungsfähige Art handelt, kann man aber eher optimistisch sein. Die Forstwirtschaft kann dem potenten Höhlenbauer mit dem Belassen von stehendem Totholz, dem Erhalt von starken potenziellen Buchenhöhlenbäumen und deren Umfeld helfen.

Nach dem englischen Klimamodell verschiebt sich sein Areal Richtung Nordosten.[50] Frankreich wird danach weitgehend geräumt und auch in Deutsch-

Die Schächte am Stammanlauf von Fichten legt der Schwarzspecht an, um an die Nester der Rossameisen im Stamminneren zu gelangen.

Im morschen Holz und in Stöcken sucht er auch nach Bockkäferlarven, wie z. B. dem Rothalsbock oder wie hier nach Pochkäferlarven.

Schwarzspecht *Dryocopus martius*

- Baumeister der Großhöhlen
- Nahrung bilden Ameisen in jeder Form und holzlebende Insektenlarven
- er ist besonders ruffreudig und trommelt lang
- Bruthöhle meist in mächtigen, alten Buchen, oft bis 40 cm tief.
- einziger Specht mit ovalem Einflugloch 8,5 x 13 cm
- Jungvögel werden ca. 1 Monat geführt, jeder Elternteil betreut dabei einen Teil
- zahlreiche Nachmieter in den alten Höhlen

Körperlänge: 45-47 cm

Flügelspannweite: 64-68 cm

Gewicht: 260-340 g

Gesang: anschwellende, laute „kiu-kui-kui"-Rufreihe als Balz- und Reviergesang

Sitzruf: Kliäh-Kliäh

Flugruf: „krüü-krüü-krüü"

Bei der Balz dohlenartige Laute beim Höhlenzeigen.

Trommeln: relativ lang (bis 3 Sekunden), laut, gleichmäßig, eher langsam und dumpf. Männchen trommelt länger als Weibchen

Gesang

Sitzruf

Trommeln

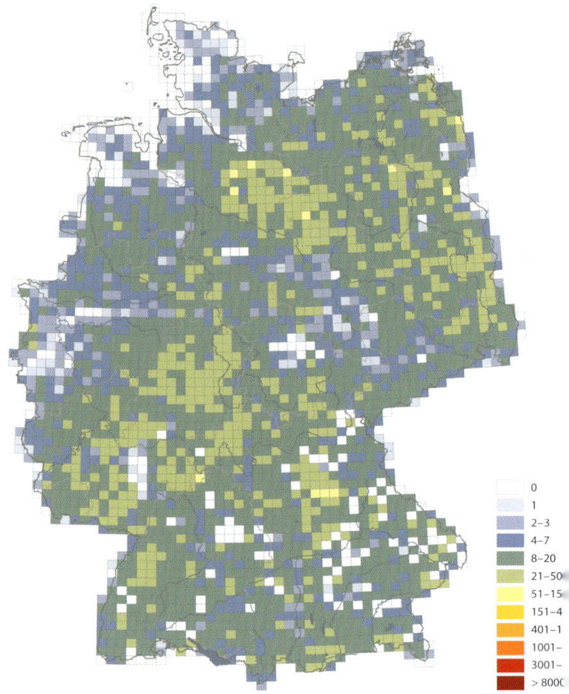

Der Schwarzspecht ist in ganz Deutschland verbreitet, aber mit deutlichen Schwerpunkten in den großen Waldgebieten der Mittelgebirge. Lücken zeigen sich an der Küste und wo der geschlossene Wald fehlt, wie in den Börde- oder Gäulandschaften. Quelle: ADEBAR

Der Schwarzspecht ist in einem breiten Band in der gesamten nördlichen und zentralen Paläarktis verbreitet. Lediglich auf den Britischen Inseln fehlt die Art.

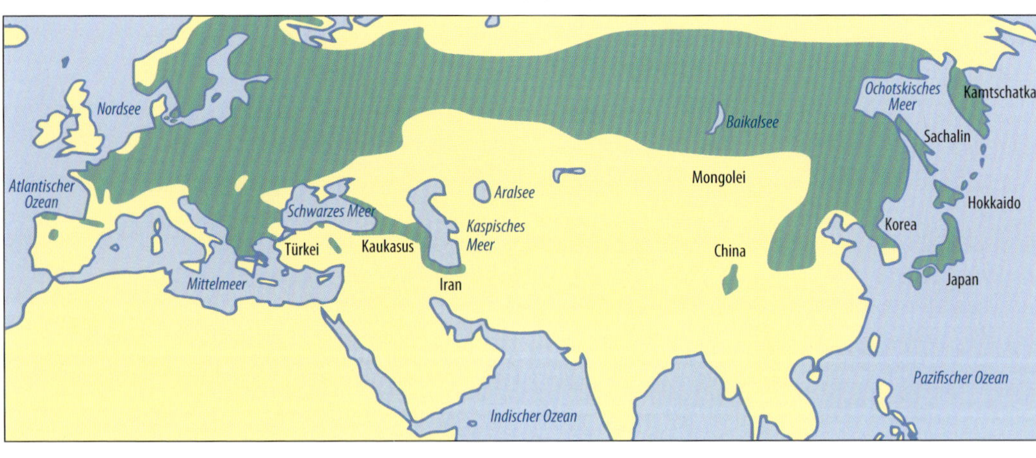

Ein junges Schwarzspechtmännchen, erkennbar an den braunen Hand- und Armschwingen, füttert seinen fast flüggen Nachwuchs. Die Jungspechte haben noch einen elfenbeinfarbigen Schnabel.

land wird sein Verbreitungsmuster deutlich lückiger, vor allem im Norden und Osten.

Ausgewachsene Schwarzspechte sind äußerst standorttreu. Die Ortskenntnis macht sie erfolgreich. Zumindest haben erwachsene Männchen innerhalb einer Jahresperiode eine Überlebensrate von knapp 80 %. Weibchen liegen bei nur 65 %.[77] Dass sie bis zu 13 Jahre alt werden, ist dagegen eine Ausnahme.[33] Erstaunlich weit, oft mehr als 500 km, wandern dagegen die Jungvögel. Sie weisen unter unseren drei größten Spechtarten die ausgeprägteste Wandertendenz auf. Im Herbst streichen sie in westliche bis südliche Richtung. Rekordhalter ist ein Schwarzspecht aus Deutschland. Er zog circa 1000 km weit in das südwestliche Frankreich.[34] Zudem gibt es von Zeit zu Zeit regelrechte Invasionen von Schwarzspechten aus dem skandinavischen Raum.

Im Gelände ist der Schwarzspecht besonders auffällig. Er fasziniert durch seine Größe, seine weittragenden Rufe bzw. sein Balzgesang seine Spuren und als Wegbereiter für viele Höhlenbrüter. Im Flug kann man ihn leicht erkennen. Er hat einen ungewöhnlich langen Hals und der Kopf wird ein wenig höher getragen als bei anderen Spechten. Das sonst für Spechte so typische wellenförmige Flugbild ist bei ihm nicht ausgeprägt.[34]

Zudem ist dieser markante Specht in weiten Teilen unserer Waldfläche zu Hause. Damit ist er ein perfektes Objekt, um bei Kindern und Jugendlichen Begeisterung zu wecken, sei es in Form von Arbeitsmappen oder bei der Suche und Markierung seiner Höhlenbäume.

Beobachtungstipp

Den Schwarzspecht hört man schon von weitem an seinen Rufreihen oder seinen langen Trommelwirbeln. Am besten kann man ihn in alten Buchenbeständen am Rande eines Höhlenzentrums beobachten. Hier fallen schon die großen Eingänge am glatten Stamm in 10 bis 12 m Höhe auf. Mit bemessenem Abstand erweist sich der Schwarzspecht meist als wenig scheu. Auch Nachmieter wie Hohltauben, aber auch Grün- und Grauspechte lassen sich so regelmäßig beobachten, besonders eine Stunde vor Einsetzen der Dämmerung am Abend.

Grauspechte haben fast bernsteinfarbene Augen. Männchen besitzen einen roten Stirnfleck. Der Bartstreif ist klein und einfarbig schwarz.

Der Grauspecht

Der Grauspecht wird, wie auch sein nächster Verwandter, der Grünspecht, wegen seiner grau-grünen Tarnfärbung und dem Umstand, dass er seine Nahrung vorwiegend am Boden sucht, als „Erdspecht" bezeichnet. Der Körperbau des Grauspechts ist allerdings weniger an den Nahrungserwerb am Boden angepasst. Er hat kürzere Unterschenkel, einen kürzeren Schwanz und wiegt mit 140 Gramm etwa ein Drittel weniger als der Grünspecht. Optisch ähneln sich die beiden Geschwisterarten stark, sodass man auf Details achten muss. Ein Stirnfleck findet sich nur beim Grauspechtmännchen. Die Zügel sind bei beiden Geschlechtern schmal und rein schwarz, ganz ohne rote Füllung. Die beiden Arten sind so nah verwandt, dass es wie bei Bunt- und Blutspecht immer wieder zu Verpaarungen kommt.

Die nicht fruchtbaren Nachkommen (Hybriden) stiften wegen der Merkmalsmischung oftmals Verwirrung unter Vogelbeobachtern. Hybride von Grün- und Grauspecht weisen eine rote Haube auf, wie sie für den Grünspecht typisch ist. Dagegen gibt es keinerlei Rot in der Gesichtsmaske.[111] Somit besteht also große Verwechslungsgefahr mit einem Grünspechtweibchen, das aber deutlich mehr Schwarz in der Maske hat und bei dem sich ein breiter schwarzer Streifen zum Hals hin absetzt.

Im Flug unterscheidet sich der Grauspecht vom Grünspecht durch die flacheren Bögen der Flugbahn und sein agileres Erscheinungsbild. Hell ist die Iris beim Grünspecht, bernsteinfarben dagegen beim Grauspecht. Wenngleich er sich die meiste Zeit des Jahres in hohem Maße von Ameisen ernährt, nutzt er im Winter zusätzliche Nahrungsquellen wie etwa Beeren und Aas. Regelmäßig ist er an Winterfütterungen mit fetthaltigem Futter zu beobachten.

Der weibliche Grauspecht hat im Gegensatz zum Grünspecht keinerlei rot im Gefieder.

Der Grauspecht besiedelt in einem langen, schmalen Band die Laubmischwälder Eurasiens. Dabei schätzt die Art Übergänge zwischen Wäldern und halboffenen Kulturlandschaften. [31] Im Westen geht er jedoch nicht weiter als in die Bretagne und im Norden bis Südskandinavien. Dabei ist er in Zentraleuropa vor allem in den Mittelgebirgsregionen verbreitet, in die höheren Lagen der Alpen dringt er kaum vor.

In der Norddeutschen Tiefebene fehlt die Art weitgehend. Der Grauspecht ist stärker an den geschlossenen Wald gebunden als seine Zwillingsart, der Grünspecht. Nach einer Studie aus Niedersachsen nutzte der Grauspecht zu 80 % Wald, wobei die Schlüsselfaktoren für sein Habitat der Stammdurchmesser und der Totholzanteil in der Krone lebender Bäume war. [99] Seine Reviere sind mit 100 [99] bis 300 ha [96] im Durchschnitt fast so groß wie die des Schwarzspechts. Sie müssen große, dreischichtige Waldflächen (mit einer Kraut, Strauch- und Baumschicht) mit einem hohen Anteil an Alt- und Totholz beinhalten. [96] Weiden- und pappelreiche Auwälder mit dichtem Ufergehölz sind ebenso ein geeignetes Habitat wie alte, totholzreiche Buchenwälder oder urbane Lebensräume wie Parks oder Friedhöfe. [46] Besonders beliebt sind sonnige Magerrasenflächen, Totholzstümpfe und Wurzelteller. [96] Dort kommen verschiedene Ameisenarten in großer Individuenzahl vor. Die Ansprüche an den Lebensraum zeigen, dass der Grauspecht im Vergleich zum Grünspecht weniger stark auf Ameisen spezialisiert ist. Er bevorzugt zudem baumbewohnende Ameisen. Sein Nahrungsspektrum reicht darüberhinaus von Schmetterlingslarven über Heuschrecken bis zu holzbewohnenden Käferlarven, die er besonders an Alteichen und stehendem, starkem Totholz findet. Wegen der vielseitigeren Ernährung ist seine Zunge verglichen mit der seines nahen Verwandten kürzer und breiter. Sie dient sowohl zum flächigen Aufsammeln von schwärmenden Ameisen, als auch zum Herausholen von Beute aus Spalten und morschem Holz. Vergleicht man die Zunge des Buntspechts mit der von Grau- oder Grünspecht, könnte man bei ersterer bildlich von einem Speer und bei letzterer von einem Lasso sprechen. [94]

Noch viele Fragezeichen beim Grauspecht

Typisch für die Ameisenjäger unter den Spechten ist, dass sie das Futter für ihre Jungen im Kropf speichern. Damit können sie weiter von der Höhle ent-

Grauspecht *Picus canus*

- Geschwisterart zum Grünspecht
- Ameisen, oft auch holzbewohnende, bilden Hauptnahrung im Frühling und Sommer
- im Herbst und Winter auch Beeren und Früchte
- weithin hörbare, abfallende Rufe bzw. Gesang
- anders als der Grünspecht trommelt der Grauspecht auch
- Eiablage erfolgt relativ spät (von April bis Mai)

Körperlänge: 25-27 cm

Flügelspannweite: 38-40 cm

Gewicht: 125-160 g

Gesang: leicht nachpfeifbare, abfallende „gü-gü-gü"-Strophe, die stark melancholisch klingt

Gesang

Trommeln: ca. 1,5 Sekunden lange, gleichmäßige Trommelserie, ähnelt Schwarzspecht, aber kürzer und weniger dumpf

Trommeln

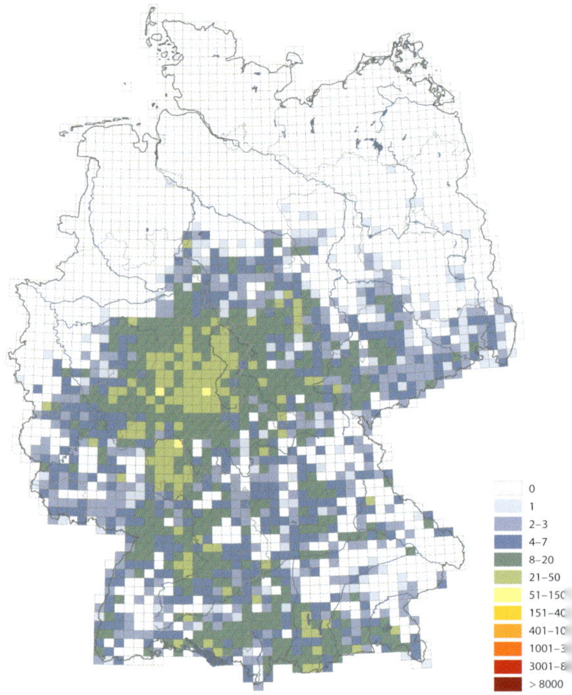

Der Grauspecht bewohnt vor allem die an Laubbäumen reichen Mittelgebirge im Zentrum Deutschlands und das Alpenvorland. Im Norddeutschen Tiefland fehlt die Art vollständig. Quelle: ADEBAR

fernt liegende Nahrungsquellen nutzen und größere Mengen transportieren. Somit reichen 20 Fütterungen pro Tag aus, während die Buntspechte 60 bis 100 mal füttern müssen. [34]

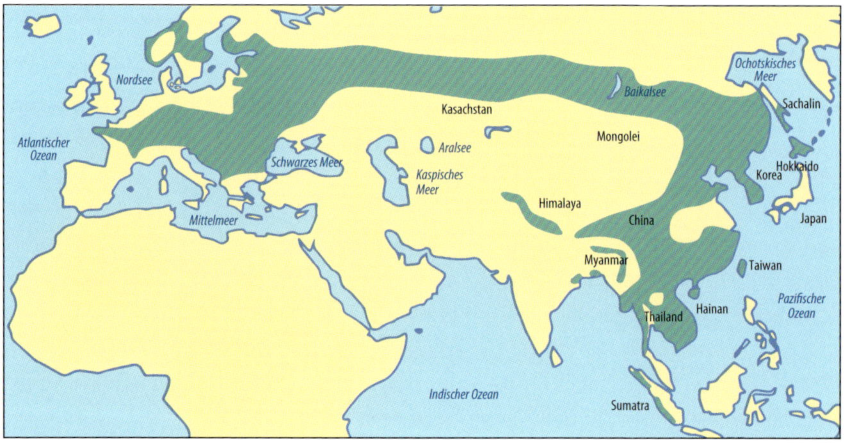

Der Grauspecht ist, anders als seine Geschwisterart, der Grünspecht, über weite Teile der Paläarktis verbreitet. Der Schwerpunkt liegt im eurasischen Laubwaldgürtel, den er bis zur koreanischen Halbinsel besiedelt.

Ein Grauspecht-männchen verzehrt Beeren des Gemeinen Schneeballs.

In schneereichen Wintern sinkt der Ameisenanteil an seiner Nahrung. Dann sichern verschiedene im weichen Totholz lebende Arten seine Existenz. Er profitiert auch von der Aktivität des kräftigeren Schwarzspechts, der Ameisennester unter dem Schnee freilegt und Rossameisennester in Fichtenstämmen öffnet. Fallobst spielt im Winter als Ersatznahrung ebenfalls eine Rolle. Die gezielte Suche nach Grauspechten gestaltet sich nur im Frühjahr während der Balz als relativ einfach, weil dann seine Balzrufe bzw. Gesang weithin zu hören sind. Die Tonreihe ist abfallend, dabei langsamer und flacher als beim Grünspecht. Insgesamt wirkt die Stimme daher leicht melancholisch. Selbst mit bescheidenen Pfeif-Fähigkeiten lässt sich der Ruf noch so treffend nachahmen, dass Grauspechte zur Balzzeit antworten. Auch auf die Klangattrappe reagiert er intensiv. Grauspechte trommeln regelmäßig. Entsprechend wichtig sind für sie Trommelbäume, also Resonanzstrukturen.

Grau- oder Grünspecht?

Beim Grauspecht ist sowohl der lang- als auch der kurzfristige Trend negativ.[31] Als Grund für den Rückgang wird u. a. die zunehmende Eutrophierung der Waldränder vermutet.[31] Insgesamt gibt der Rückgang beim Grauspecht aber immer noch einige Rätsel auf. Hier besteht noch deutlicher Forschungsbedarf. Prognosen des Klimaatlasses sagen eine Nordostverschiebung seines Areals im Laufe des 21. Jahrhunderts voraus. In Zentraleuropa verinselt sein Vorkommen zunehmend. Der Alpenraum bleibt als Refugium bedeutend.[50]

Beobachtungstipp

Grauspechte können an Winterfütterung mit fetthaltigem Futter regelmäßig beobachtet werden. Im zeitigen Frühjahr kann man in alten, totholzreichen Laubbeständen und in Auwäldern die melancholischen Rufreihen hören.

Das Grünspechtmännchen ist am Rot im Bartstreifen gut zu erkennen. Der Grünspecht ist der farbenprächtigste unserer Spechtarten.

Der Grünspecht

Die Kulturlandschaft entlang der Ortsränder mit ihren großkronigen Obstbäumen und dem hochstämmigen Streuobst ist sein Reich. Aber auch lichte, sonnige Waldränder mit altem Laubholz nutzt er, ebenso wie Industriebrachen und alte Gleisanlagen. Es sind vor allem kürzer rasige Schafweiden oder Brachen, aber auch Gartenflächen mit extensivem Grün, die hohe Dichten an Wiesenameisen *(Lasius flavius)* aufweisen, in dem man ihn regelmäßig antrifft.[2] Im Frühjahr erklingt hier immer wieder der entfernt an Gelächter erinnernde Balzruf des Grünspechts. Doch aus der Nähe sieht man ihn selten. Er ist scheu und versteckt sich immer wieder hinter einem Baumstamm. An seinem ausgeprägt wellenartigen Flug, bei dem er die Flügel zwischen zwei Schlagphasen vollständig anlegt, ist er auch von weitem gut zu bestimmen.

Sein farbenfrohes Gefieder mit der feuerroten Kopfhaube, der schwarzen Augenmaske mit dem Bartstreif um das helle Auge und der kanariengelbe Steiß machen ihn zu einem auffälligen Vogel. „Zorro" oder den „Specht mit der Räubermaske" nennen ihn daher liebevoll manche Vogelbeobachter.

Aufgrund seiner grünen Zeichnung im Rückenbereich ist er auf Wiesen trotz seiner Farbenprächtigkeit erstaunlich gut getarnt. Der auffällig rote Kopf ist durch die Nahrungssuche im Boden meist ohnehin nicht zu sehen. Neben dem Wendehals ist er die Spechtart mit der engsten Bindung an Ameisen[79] Als Anpassung an seine Ameisennahrung hat er nicht nur einen wuchtigen Schnabel, sondern auch eine 10 cm über den Schnabel hinausreichende, besonders klebrige Zunge, mit der er in das Innere von Ameisenburgen vordringt, um sie in allen Entwicklungsstadien zu erbeuten. Ob der Grün- oder der Grauspecht stärker unter schneereichen Wintern leidet, ist umstritten. Eine These sieht den größeren Grünspecht als Gewinner, da er die Ameisennester intensiver nutzen kann. [34] Als Beweis wird angeführt, dass die Populationen des Grünspechtes durch die Häufung milder Winter seit den 1990er Jahren deutlich angestiegen sind. [63] Die Gegenthese besagt, dass der Grauspecht durch sein weiteres Nahrungsspektrum im Vorteil ist. [2] So wird angeführt, dass sich die Grünspechte mit der Serie milder Winter in den 1990er Jahren erholt haben. [63]

Junge Grünspechte unterscheiden sich durch ihre Strichelung stark von den Altspechten. Hier handelt es sich um ein Weibchen, da kein rot im Bartstreifen zu erkennen ist.

Jedenfalls haben strenge Winter mit hohen Schneelagen, die Ameisen unzugänglich machen, einen stark negativen Einfluss auf seine Population, da dann ein Großteil der Ameisen nicht mehr erreichbar ist. [31] Der kurzfristige Bestandstrend nach dem Atlas Deutscher Brutvogelarten [31] ist aber positiv. So stieg die Art von einem Indexwert um die 60 (1991) auf einen Wert um 120 im Jahr 2010 an. In dieser Zeitspanne schlossen sich sogar einige Verbreitungslücken z. B. im nördlichen Schwaben und im Niederbayerischen Hügelland.

Grünspechte trommeln nicht zur Reviermarkierung, sondern meist nur ganz leise im unmittelbaren Bereich der Bruthöhle zur Nahverständigung mit dem Partner. Dafür ruft der Grünspecht umso ausdauernder. Hierzu wählt er sich oft die Spitze eines hohen Baumes, von wo der Balzgesang besonders weit zu hören sind. Bäume braucht der Grünspecht aber vor allem zum Höhlenbau. Grünspechte sind keine eifrigen Zimmerer, deshalb werden geeignete Höhlen über viele Jahre genutzt. Gibt es weitere Interessenten an der Höhle, setzt sich der Grünspecht in der Regel durch, weil er die auserkorene Bruthöhle bereits vor der Brut permanent bewacht. In Obstbäumen legt der Grünspecht seine Höhlen oft in erstaunlich geringer Höhe an. Liegt sein Revier aber in einem geeigneten Hochwald, findet man die Höhle mit seinem ca. 6 cm großen, kreisrunden Einflugloch auch bis in eine Höhe von 10 Metern. Bevor die Höhle bezogen wird, kommt es zu langen *Klü-klü*-Rufreihen und es folgt ein umfangreiches Inbesitznahme-Zeremoniell. Als Schlafhöhlen nehmen Grünspechte regelmäßig auch Schwarzspechthöhlen an, die sie aber nur beziehen, wenn der Schwarzspecht diese nicht nutzt.

Streuobstwiesen bevorzugt

Grünspecht ***Picus viridis***

- auffälligster und buntester heimischer Specht
- stark auf Wiesenameisen spezialisiert, im Winter z. T. auch Waldameisen
- trommelt nicht, ist aber sehr ruffreudig
- baut selten Höhlen und übernachtet oft in Schwarzspechthöhlen
- Jungen werden fast ausschließlich mit Ameisen gefüttert
- sucht vor allem am Boden nach Nahrung (Erdspecht)

Körperlänge: 31-33 cm
Flügelspannweite: 40-42 cm
Gewicht: 170-200 g
Gesang: kehlige „glückglück-glück"-Strophen, Ton fällt nicht ab, sehr stimmfreudig
Rufe: Schnell wiederholte kurze Strophen „kükükük"

Gesang

Flugrufe

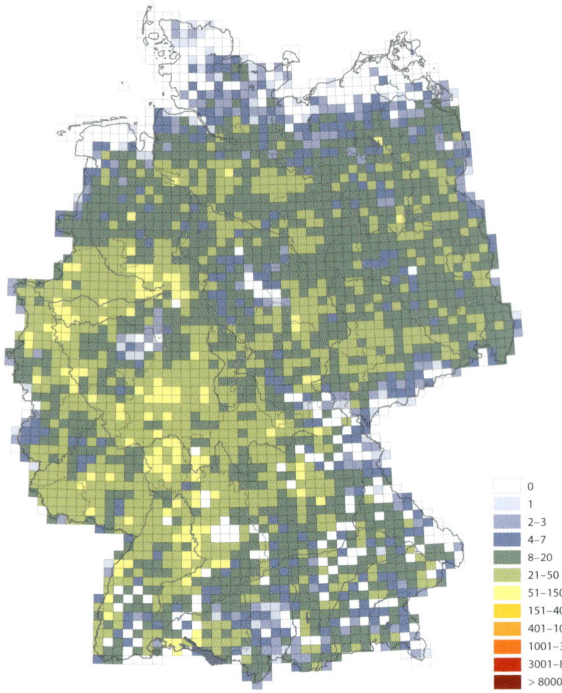

Der Grünspecht kommt in ganz Deutschland vor, aber seinen Schwerpunkt besitzt er in Südwest- und Westdeutschland. Er liebt den Übergang zwischen Wald und halboffenen Landschaften. Quelle: ADEBAR

Der Vogel-Klimaatlas prognostiziert für die Zukunft des Grünspechtes eine deutliche Verlagerung des Areals Richtung Norden, während der Südteil der Iberischen Halbinsel und Italien nahezu vollständig als Lebensraum verloren gehen.[50]

Der Grünspecht ist ein echter Europäer mit westpaläarktischem Verbreitungsgebiet.

Grünspechtweibchen an der Bruthöhle. Am Backenstreifen ist keinerlei Rot zu sehen.

Grünspechte hacken flache Löcher unter den Grasfilz, um an Wiesenameisen zu gelangen. Die markanten Kotwürstchen mit einem Hakenende bestehen größtenteils aus Chitinpanzern der Ameisen.

Beobachtungstipp

Am Ortsrand, wo es noch Wiesen und Streuobst gibt, lohnt es sich nach dem Grünspecht Ausschau zu halten. Sein Flug ist markant wellenartig und er ist besonders ruffreudig mit seinen glück-glück Rufen. Oft kommt er auch in naturnahe Gärten und Vorgärten, um dort nach Wiesenameisen zu suchen. Im Winter kann man ihn auch an Waldameisenhaufen in Waldrandnähe beobachten. Auch an alten Schwarzspechthöhlen, die er zum Schlafen nutzt, kann man ihn regelmäßig in der Dämmerung antreffen. Anders als andere Spechte reagiert er kaum auf Klangattrappen.

Der Wendehals ist mit seinem fast eulenartigen Gefieder in vielerlei Hinsicht eine Besonderheit unter den Spechten.

Der Wendehals

Der Wendehals, als einziger heimischer Vertreter seiner Unterfamilie, ist im Vergleich zur Unterfamilie der Echten Spechte fast immer eine Ausnahme. Daher bedarf er einer gesonderten Betrachtung. So lebt der Wendehals nicht im Wald und ihm fehlt der Stützschwanz, der ihm ein müheloses Klettern am Stamm ermöglichen würde. Auch den typischen Spechtschnabel sucht man bei ihm vergeblich. Etwas kleiner als ein Neuntöter und mit eulenartigem Gefieder ausgestattet, sehen sich beide Geschlechter gleich.

Egal ob in Latein (*torquilla*), Englisch (wryneck) oder Deutsch, sein markantestes Merkmal drückt sich in seinem Namen aus. Er kann seinen Hals um bis zu 180 Grad drehen. *Jynx*, so lautet der wissenschaftliche Gattungsname des Wendehalses. Er nimmt Bezug auf eine griechischen Sage. *Jynx* war die Dienerin der Io. Die wunderschöne Io wiederum war Priesterin der Hera. Zeus, der mächtige Göttervater und Gatte der Hera, stets auf erotische Abenteuer aus, hatte ein Auge auf Io geworfen. Als Dienerin arrangierte Jynx – nicht ganz freiwillig – ein Treffen zwischen Zeus und Io. Dies sollte sie teuer zu stehen kommen. Die eifersüchtige Hera verfolgte nicht etwa ihren Mann, sondern ihre Konkurrentin und deren Dienerin. Sie verwandelte kurzerhand Jynx zur Strafe in einen unscheinbaren Vogel und Io in eine Kuh. So wurde der Wendehals zum Symbol der Liebesanbahnung. Mit seiner Hilfe, so war man sich sicher, könne man Liebe erwecken. Daher das Sprichwort „Jemanden den Kopf verdrehen". Der zweite Teil des lateinischen Namens des Wendehalses heißt „torquilla", was denn auch tatsächlich soviel wie „drehen, verdrehen" bedeutet.[119] Bei Gefahr spreizt er Schwanz, Kopffedern und Flügel um sein Erscheinungsbild zu vergrößern, streckt den Hals vor, verdreht seinen Kopf, schlägt mit der Zunge und gibt schlangenartige Zischlaute von sich.[63] All das soll einen möglichen Fraßfeind beeindrucken.

Der Weitstreckenzieher unter den Spechten

Der Wendehals unterscheidet sich auch vom Erscheinungsbild deutlich von den Echten Spechten. Seine Statur erinnert eher an Vertreter der Familien der Bart- und Faulvögel. Sein kryptisch gräulich-braun gefärbtes Gefieder ist weicher und ähnelt dem von Ziegenmelkern. Der lange Schwanz ist für einen ausdauernden Flug konzipiert, was nicht weiter verwundert, da er ein Langstreckenzieher ist. So verbringt er den Winter in den Savannen und Trockenholzgürteln des Sahels in West- und Zentralafrika. Als einziger heimischer Spechtartiger ist er ein Zugvogel. Das ist ein weiterer Grund für seinen Rückgang. Über alle Familien und Lebensräume hinweg sind Langstreckenzieher besonders gefährdet.

Entsprechend spät erscheint der Wendehals in seinem Brutrevier. Oft wird es Anfang April, bis man seine fast turmfalkenartige Stimme bei uns wieder vernimmt. Sein ursprünglicher Lebensraum ist die ausgehende Zerfallsphase von Wäldern mit nur noch schütterer Baumüberschirmung. Aber auch sonnendurchflutete, lichte Eichen- oder Kiefernwälder auf extrem armen, trockenen Böden sind sein Habitat. Im Nationalpark Harz siedelte er sich

Extensiv beweidete Streuobstwiesen sind wegen ihres Ameisenreichtums ein idealer Lebensraum für den Wendehals.

in jüngster Vergangenheit auf Kahlflächen an, die aus dem großflächigen Zusammenbruch von Fichtenbeständen hervorgingen. Streuobstwiesen stellen für den Wendehals ebenso wie für den Kleinspecht und den Grünspecht einen Sekundärlebensraum dar, der wichtige Elemente von alten, zusammenbrechenden Urwäldern aufweist. Dies sind die besten Lebensbedingungen für seine mit Abstand wichtigste Beute: die Wiesenameisen. Vor allem die schwarzgraue Wegameise (*Lasius niger*) und die Rasenameise (*Tetramorium caespitum*) dominieren seinen Speiseplan. [63] Dazu öffnet er Ameisenhaufen mit Schnabelhieben und benutzt dann seine Zunge als „Leimrute“.

Ein Altvogel bringt Ameisenpuppen zur Höhle, um seine Jungen zu füttern.

Das Schicksal des Wendehalses und der des Streuobstes sind bei uns eng miteinander verbunden. So hatte der Streuobstanbau noch in der ersten Hälfte des 20. Jahrhunderts eine große kulturelle Blüte. In weiten Teilen Süd- und Mitteldeutschlands war er landschaftsprägend und von enormer wirtschaftlicher und ökologischer Bedeutung. Der Wendehals war so häufig, dass man ihn einst als überlegenen Höhlenkonkurrenten für eine Bedrohung der Meisenpopulation hielt. [63] Die einstmals weit verbreiteten Streuobstwiesen, die nahezu jeden Ort einsäumten, haben seit den 1960er Jahren um 70 % an Fläche verloren. Als Flächenreserve der sich ausdehnenden Städte befinden sich heute an deren Stelle die Neubausiedlungen und Industriegebiete.

Viele der verbliebenen Wiesen werden kaum mehr gemäht, was dazu führt, dass weder Grünspecht noch Wendehals zu den Ameisenhaufen vordringen können. Nur auf Wiesen mit kurzer Grasdecke kann er die Ameisenhaufen mit hastigen Schnabelhieben öffnen und dann deren Bewohner und ihre Brut mit seiner klebrigen Zunge in den Schnabel befördern. Als Nahrungsspezialist besteht seine Nestlingsnahrung zu 98 % aus Ameisen der verschiedensten Entwicklungsstadien. [63] Kein Wunder also, dass der Wendehals in der Roten Liste als „stark gefährdet“ hochgestuft wurde. Gelegentlich verfüttert er auch Glasscherben und Porzellanteile an seinen Nachwuchs – ab und an mit tödlichen Folgen. [34] Der Grund für dieses Verhalten ist unklar. Manche Autoren spekulieren, er verwechsle sie mit bunten Käfern oder er wolle Schneckengehäuse aus Kalk für die Knochenbildung verfüttern. Andere vermuten, dass es sich um vermeintliche Magensteine handeln könnte. [34]

Fremdimmobilien gefragt

Als Höhlenbrüter benötigt der Wendehals eine Bruthöhle, die er sich aber, auch wieder ganz spechtuntypisch, nicht selbst zimmern kann. Bei der Wahl der Höhle ist er keineswegs wählerisch. Wendehalsbruten finden sich in Specht- oder Faulhöhlen, in den Brutröhren von Eisvogel und Uferschwalbe sowie in künstlichen Nisthilfen. Seine späte Rückkehr aus dem Winterquartier ist als Anpassung an die Biologie seiner Ameisenbeute zu verstehen. Denn anders als der Grünspecht kann er mit seinem kurzen Schnabel die Ameisen nicht tief im Boden aufspüren. Wegen seiner späten Heimkehr findet der Wendehals oftmals keine passende freie Höhle. Er ist aber sehr konkurrenzstark und bekannt dafür, dass er die Höhlen von Meisen und Staren kurzerhand okkupiert und die Gelege oder Jungvögel aus der Höhle wirft. Alte Nester räumt er aus der Höhle, um wie die Verwandtschaft auf dem blanken Höhlenboden zu brüten. [45]

Vor allem die schwarze Wiesenameise bildet die wichtigste Sommernahrung für Wendehälse

Der Gesang des Wendehalses kann für menschliche Nachbarn zur Geduldsprobe werden. Sofort nach der Ankunft aus dem Winterquartier beginnen beide Geschlechter besonders in den Morgenstunden mit den monotonen, lauten *gjä-gjä*-Rufen. Bei hoher Balzintensität sind die Gesänge sogar den ganzen Tag über zu hören. Hiermit lockt er Geschlechtspartner an und macht auf seine Bruthöhle aufmerksam. Findet sich ein Artgenosse, beginnt das eigentliche Balzritual.

Während der Neuankömmling singt, präsentiert der Höhlenbesitzer mit zartem Klopfen und Trommeln am Höhleneingang seine Bruthöhle. Oft hört man dann auch die Partner im Duett singen. Haben sich die Partner endgültig auf eine Höhle geeinigt, legt das Weibchen bis zu 14 Eier – ein absoluter Rekord unter den Spechtartigen. Entsprechend klein und leicht sind die Eier. Mit rund 2 g wiegen sie nur rund 5 % des Altvogels. [45] Die große Zahl an Eiern kommt aber nicht von ungefähr. Sie deutet auf die großen Verluste auch während der Wanderung in das Winterquartier hin. Ganz nach Spechtart wechseln sich beide Geschlechter beim Brüten ab. Auch die Brutzeit mit 12 bis 14 Tagen und die Nestlingszeit mit etwa drei Wochen ähneln wiederum den anderen heimischen Spechten. Dieser Gemeinsamkeit folgt aber schon die nächste Ausnahme: zumindest im südlichen Teil des Brutgebietes, etwa bis auf die Höhe von England, sind beim Wendehals zwei Jahresbruten möglich. Tendenziell wird die Wahrscheinlichkeit der Zweitbrut immer

Wendehals *Jynx torquilla*

- einziger echter Zugvogel unter den Spechten
- ernährt sich vorwiegend von Wiesenameisen
- Revier wird mit Turmfalken ähnlichen Rufen markiert
- besitzt keinen Stützschwanz und baut keine Höhlen
- oft mehrere Bruten im Jahr
- kann den Kopf um mehr als 180 Grad verdrehen (Namen!)

Körperlänge: 16-17 cm

Flügelspannweite: 25-27 cm

Gewicht: 30-40 g

Gesang: anschwellende „gjäggjäggjäg"-Reihen, die stark an einen Turmfalken erinnern.

Rufe: heisere Einzelrufe

Gesang Rufe

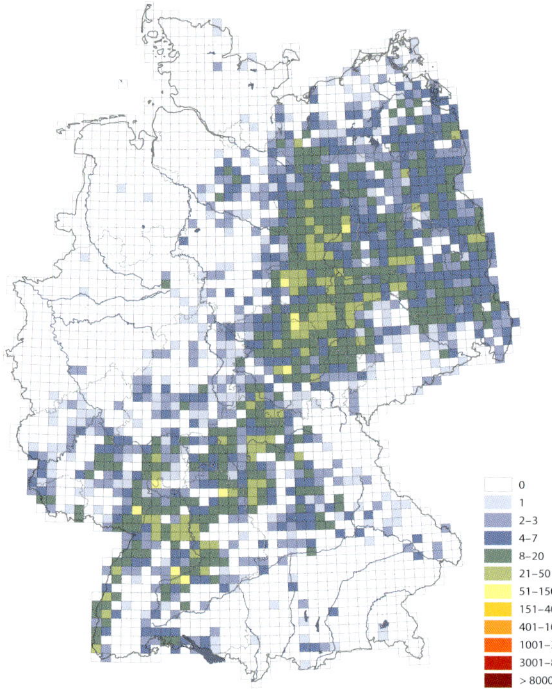

Der Wendehals besiedelt ein weites Spektrum an Lebensräumen von den südwestlichen Mittelgebirgen bis ins Nordostdeutsche Tiefland. Im Nordwesten und südlich der Donau große Verbreitungslücken. Quelle: ADEBAR

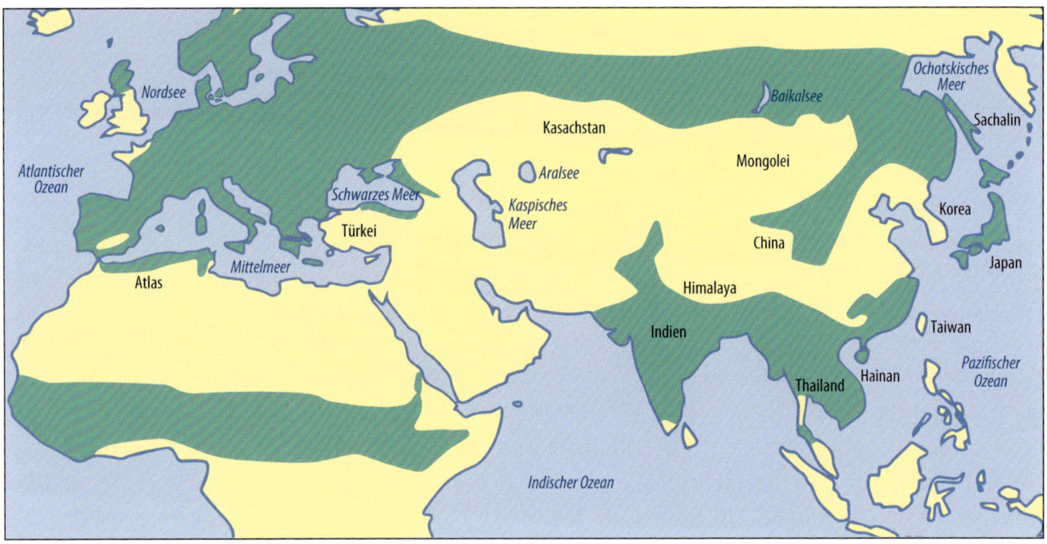

Der Wendehals hat als einziger echter Zugvogel unter den Spechten nicht nur ein Verbreitungsgebiet, das die gesamten Waldregionen der Paläarktis umfasst, sondern auch ein Überwinterungsareal in den tropischen Bereichen Äquatorialafrikas und -asiens.

geringer, je weiter man Richtung Norden gelangt. Die Mauser erinnert an die echten Spechte. Sie verlieren die innersten Handschwingen wenige Tage nachdem sie das schützende Nest verlassen haben. Kaum 7 bis 8 Wochen alt, sind bereits alle Handschwingen ausgefallen und nach weiteren 6 bis 8 Wochen vollständig erneuert. Die Schwanzfedern mausern sie wie die echten Spechte. Da sie keinen Stützschwanz haben, hat das keine funktionelle Bedeutung, ist aber stammesgeschichtlich begründet. [45]

In der Hochzeit der Balz ruft der Wendehals den ganzen Tag über.

Zumindest geographisch ist der Wendehals aber weit verbreitet, wenn auch oft nur punktuell. Sein Areal erstreckt sich von der Iberischen Halbinsel über den Ural und Sibirien bis ans Ochotskische Meer und vom mediterranen Nordafrika bis über den finnischen Polarkreis. Entsprechend weit ist seine Höhenverbreitung – auch wenn der überwiegende Teil der Population nicht höher als 800 m vorkommt. Insgesamt ist die Bestandsentwicklung beim Wendehals besorgniserregend. Langfristig gilt sein Populationstrend in Deutschland als rückläufig, kurzfristig (letzten 10 Jahre) sogar als stark abnehmend. [31] Neben dem schon erwähnten Verlust von Streuobst verschwinden nährstoffarme, lichte, ameisenreiche Wiesen durch Überdüngung sowie häufige Mahd. Hat sich in manchen Gebieten (Sachsen, Sachsen-Anhalt) die Population auf niedrigem Niveau stabilisiert, gehen die Bestände in manchen Bundesländern weiter zurück (Niedersachsen, Schleswig-Holstein, Brandenburg, Bayern). [31]

Treffen die Prognosen des Klimaatlasses ein, so wird sich das Areal des Wendehalses weiter nach Norden verschieben. Südengland und nördliche Teile Skandinaviens und Russlands werden besiedelt, während die Art in Spanien und großen Teilen Italiens nicht mehr vorkommen wird. [50]

Beobachtungstipp

Das Lebensraumspektrum ist enorm groß und reicht von Kahlflächen, Windwürfen, Dorfrändern über altes Streuobst, aber auch alte Industriebrachen. Immer braucht es halboffene Situationen mit einem reichen Ameisenangebot. Daneben ist aber auch ein Brutplatz wichtig. Gerade mit geeigneten, großen Nistkästen kann man die Ansiedlungswahrscheinlichkeit und damit die Beobachtungschancen deutlich steigern. Um ihn dann zu finden, hilft die markante Stimme ganz entscheidend.

Spechte in der Sagenwelt

Spechte fallen besonders durch ihr Trommeln und ihre Balzrufe auf. Deshalb beflügelten sie auch schon die Fantasie unserer Vorfahren. Als besonders erstaunlich empfand man, wie mühsam sie im harten Holz ihre Nahrung suchen. Bevor mit der Renaissance die Zeit der Naturwissenschaft anbrach und Licht in das Dunkel der Unkenntnis brachte, erklärte man die Entstehung der Welt und ihre Phänomene durch Mythen. Kein Wunder also, dass Spechte mit ihrem auffälligen und außergewöhnlichen Verhalten Deutungen in der Sagenwelt vieler Völker fanden. Bereits in der Antike verfasste Ovid, der viel gerühmte römische Dichter, die „Metamorphosen", also „Bücher der Verwandlung". In diesem mythologischen Werk erzählt er von der tragischen Verwandlung von Menschen oder Halbgöttern in Tiere und Pflanzen.

Eine dieser Geschichten erklärt auch die Entstehung der Spechte: Als eines Tages der schöne italische Prinz Picus auf der Jagd mit seinem Gefolge durch die Wälder ritt, kreuzte die Kräuter sammelnde Circe seinen Weg. Sie verliebte sich sofort in ihn und versuchte, ihn mit aller Macht für sich zu gewinnen. Picus Herz aber gehörte der Sängerin Canens, der Tochter des Janus, deren Stimme so süß war, dass sie selbst Bäume und Felsen bewegte. Daher wies er das Werben Circes schroff zurück, was tragische Folgen hatte. Die Verschmähte entpuppte sich als mächtige Zauberin und sann auf Vergeltung. Sie verwandelte Picus kurzerhand in einen Specht. Sein weinrotes Barett wurde zur roten Federhaube, seine Arme zu Flügeln und sein Mund verwandelte sich in einen Schnabel. Mit diesem harten Schnabel ist er nun gezwungen, Nahrung in den Bäumen zu suchen und schlägt wütend auf Stämme ein und trommelt auf Ästen. Doch alles ist umsonst, seine Geliebte Canens erkennt ihn nicht.

Die antike Gemme stellt einen weissagenden Specht in einem Orakel dar. Gezeichnet nach einer Abbildung von Harrison.

Als Carl von Linné, ein schwedischer Arzt und Naturwissenschaftler, im Jahre 1758 seine „Systema naturae", also die wissenschaftliche Nomenklatur, einführte, bediente er sich lateinischer oder griechischer Namen, bevorzugt aus der antiken Sagenwelt.[119] In seinem System klassifizierte er nun konsequent alle Tiere und Pflanzen mit einem Doppelnamen. Der erste steht für die Gattung, der zweite für die Art. Damit schuf er ein System, das bis heute Bestand hat. Prinz Picus wurde so zum Namensgeber der ganzen Ordnung der Spechte (Piciformes),

Spechte galten im antiken Italien als heilige Vögel. Der Sage nach halfen sie der römischen Wölfin die Zwillinge Romulus und Remus zu ernähren, die die Gründer Roms wurden. Das Gemälde stammt vom niederländischen Maler Peter Paul Rubens (1577–1640). Foto: Musei Capitolini, Rom

der Familie der Picidae bis hin zu einzelnen Arten wie dem Grauspecht (*Picus canus*) oder dem Grünspecht (*Picus viridis*).

Mythos Schwarzspecht

Im Germanischen Mythos ist der Schwarzspecht der Begleiter des Kriegsgottes Donar,[28] des Herrn von Blitz und Donner, dem heute noch der Donnerstag gewidmet ist. Die heftigen Schnabelhiebe des Spechts symbolisieren den Blitzschlag und sein Trommeln versinnbildlicht den Donner. Das Verhalten von Spechten war oft Anlass für Weissagungen über das Wetter. Besonders Regen und Gewitter wurden von den Spechten angekündigt. Selbst heute nennen alte Waldarbeiter im unterfränkischen Spessart den Schwarzspecht noch Regenvogel, in Niederbayern wird er im Volksmund als Giaßvogel (= gießen) bezeichnet. Der gedehnte „Piü"-Ruf des Schwarzspechts wird im Französischen als „Plu" – also in Zusammenhang mit Regen gebracht. Ähnlich war die Bedeutung der Spechte auch in der Sagenwelt südlich der Alpenkette.

Der Spessart, ein über 2000 Quadratkilometer großes, überwiegend mit Buchen und Eichen bewaldetes Mittelgebirge, verdankt sogar seinen Namen den Spechten. Spechts-Hardt, so die alte Bezeichnung des Gebiets, bedeutet ein mit Hartholz bestocktes und von Spechten bewohntes Waldgebiet. Erstmals wird der Name im Nibelungenlied erwähnt, das im 13. Jahrhundert entstand. Nibel kommt von Nebel und der Anhang „ung" deutet auf den Nachkommen, also den Sohn des Nebelmanns hin. Das Gebiet der Nibelungen erstreckte sich von den nebeligen Niederungen des Rheins bis in den Odenwald, das unmittelbar an den Spechtswald angrenzende Mittelgebirge.

Den Sabinern, einem Volk in Mittelitalien, ungefähr im Gebiet des heutigen Umbriens lebend, waren Spechte heilig. Bei Tiora Matiene existierte sogar ein Orakel, dem ein Specht vorsaß.[10] Der Vogel war das Symbol des Himmels, während die Säule einen Baum verkörperte und damit die Verbindung zur Erde herstellte.

Der Schwarzspecht ist wegen seiner „Plü"-Rufe (französisch für Regen) das Symbol für Niederschläge und Wasser. Daher wird er hier an einer Quelle dargestellt.

Den benachbarten Römern galt der Schwarzspecht als heilig. Er war sogar mit dem Gründungsmythos Roms verbunden. So wurden der Legende nach Romulus und Remus nicht nur von der Wölfin gesäugt, sondern auch von einem Schwarzspecht mit Nahrung versorgt.[10]

Der Schwarzspecht galt den Römern als Begleiter des Wald- und Kriegsgottes Mars.[28] Von Mars leitet sich auch der Monatsname März ab, also der Monat, in dem der Frühling gegen den Winter kämpft und die erstarrte Natur langsam erwacht. Dies ist die Zeit, in der die Spechtbalz ihren Höhepunkt erreicht. Mit ihren weithin vernehmbaren Trommelwirbeln und ihren durchdringenden Rufen sind sie zu dieser Zeit für den Beobachter besonders auffällig. Daher trägt der Schwarzspecht den lateinischen Namen *Dendrocopus martius*, was soviel bedeutet wie der martialische Holzhacker oder der Holzhacker des Mars. Der Campus Martius oder das Marsfeld bestand aus einem 250 ha großen Areal vor den Toren Roms, das ebenfalls dem Kriegsgott Mars geweiht war. Hier übten die römischen Truppen, sammelten sich vor einem Feldzug und feierten nach erfolgreichen Schlachten ihren Triumph. Zum Ausgang von Kriegszügen, aber auch zu Dingen des alltäglichen Lebens, befragte man Auguren. Sie weissagten aus dem Vogelverhalten die Zukunft. Das Augurenamt war eines der höchsten religiösen Ehren, die einer Person zuteil werden konnte. Immer wieder begleiteten selbst Kaiser wie Sulla oder Marc Aurel dieses Amt.

Zu Zeiten Julius Cäsars standen bis zu 16 Auguren im Dienste Roms. Spechte spielten vor allem für die Vorhersage von Kriegsglück und von Schlechtwetterereignissen eine gewichtige Rolle. Die Auguren als Glücksboten

Im Triptychon Garten der Lüste von Bosch sind die Vögel Requisiten des Paradieses. Darunter halb links auch der farbenfrohe Grünspecht, der seit jeher als Symbol des Guten und des Glücks gilt.

haben sich bis heute in der italienischen Sprache erhalten und so heißt „tante Auguri“ „viel Glück“. Der Name Augur leitet sich von auxspex ab, von dem lateinischen avis „Vogel“ und spectare „schauen“, und bedeutete soviel wie Vogelbeobachter. [60]

Spechte als Symbol des Guten

Auch in der mittelalterlichen Symbolik spielen Spechte eine Rolle. Hieronymus Bosch, niederländischer Maler aus Nordbrabant, bildet in seinem Triptychon „Garten der Lüste“ Vögel schon erstaunlich realistisch ab, darunter auch einen Grünspecht. Weil der Maler mit seinen bizarren Bildern erschreckt und erstaunt und viele Diskussionen über den Sinn und seinen Geisteszustand hervorgerufen hat, lässt er bis heute noch Spielräume für Interpretationen. Dennoch gibt es auch Aussagen, über die sich die Kritiker einig sind: die linke Seite stellt das Paradies mit Adam und Eva dar. Die große Mitteltafel bildet das imaginäre Paradies mit dem Brunnen des Lebens ab. Die rechte Seite ist dagegen die Hölle mit Kriegen, Feuer und Eulen als Todessymbolen. Im fröhlichen, imaginären Paradies spielen bunte Vögel und essbare Beeren eine wichtige Rolle. Am linken Bildrand sind besonders gut Grünspecht, Stieglitz und Rotkehlchen zu erkennen. Für Nächstenliebe und Aufopferung stehen Stieglitz und Rotkehlchen. Der Sage nach haben sie versucht, Jesus am Kreuz von der Dornenkrone zu befreien, daher das Blutrot am Schnabelansatz bzw. an der Brust. Der Grünspecht dagegen galt als Widersacher des Teufels und als Beschützer vor dem Bösen, da er den „Wurm“ vertilgt, ähnlich wie St. Georg. [71] Nicht umsonst ruft er uns im Vorbeifliegen deutlich vernehmbar „Glück-Glück“ zu.

Mit der Verbreitung des christlichen Glaubens bekämpfte man die heidnische Vorstellungswelt und deren Götter. So verfemte man auch viele Tiere und Pflanzen, die den Germanen heilig waren, um so die Macht Chris-

Der Züricher Conrad Gesner (1516–1565) [29] verfasste mit seiner „Historia animalium" als erster nach Aristoteles ein Standardwerk der Zoologie. Erstaunlich erscheint heute, wie wenig naturrealistisch die Abbildungen sind. Dennoch erkennt man schon die lange Zunge und die Ameisennahrung. Da die Ameisen aber am Stamm erbeutet werden, spricht einiges dafür, dass es sich um einen Grauspecht handelt.

tis und die Machtlosigkeit der alten Götter zu demonstrieren. In einer christlichen Sage wird der Schwarzspecht, der einstige Göttervogel, zu einer durch Geiz verwunschenen Frau. [28] Die Geschichte handelt davon, dass Gott mit Petrus auf der Erde weilte und zu einer Frau namens Gertrud gelangte. Sie hatte ein rotes Kopftuch auf und war gerade damit beschäftigt Kuchen zu backen. Als der Herr dies sah, bat er um ein Stück. Sie setzte den Kuchen auf und dieser wurde riesig. Nun entgegnete sie, dass der Kuchen zu groß sei für ein Almosen. Dies wiederholte sich drei Mal, bis Gott erzürnte. So sprach er: „Weil du mir nichts gönnst, sollst Du zur Strafe ein kleiner Vogel werden, dein dürres Futter zwischen Holz und Rinde suchen und nicht öfter trinken als es regnet." Kaum waren die Worte gesprochen, so verwandelte sich die Frau in den Gertrudsvogel und flog zum Schornstein hinaus. Dadurch färbte sie sich bis auf die rote Haube schwarz. So erklärt sich also der Sage nach das markante Federkleid des Schwarzspechts mit der roten Haube. Sie muss nun den ganzen Tag nach Nahrung hacken und nach Regen pfeifen, um endlich wieder trinken zu können. Wie kommt nun der Specht ausgerechnet zu dem Namen Gertrud? „Ger" hieß auf germanisch Speer und „Trud" oder „Trude" ähnlich wie Truide bedeutete Zauberin. [71] Zur Speerträgerin entwickelte sich der Specht durch seinen markanten Schnabel. Der Name „Specht" leitet sich von althochdeutsch „speh" und ab dem 9. Jahrhundert „Speht" ab. Ob „Speh" seinen Ursprung in „Speer", bzw. Speerträger hat, ist aber unbekannt.

In einer weiteren Sage spricht man Spechten die Fähigkeit zu, schwere Schlösser und Türen zu öffnen, um so verborgene Schätze aus tiefen Gewölben zu heben. Doch der Specht braucht dazu eine spezielle Pflanze – die Springwurzel, mit deren Hilfe er jedes Schloss sprengt. Je nach Sage soll es das Salomonssiegel oder die kreuzblättrige Wolfsmilch sein, deren er sich bedient. Um an dieses Kraut zu gelangen, muss man aber seine Bruthöhle mit einem Keil verschließen und warten, bis er mit der Pflanze wiederkehrt, um den Eingang zu öffnen. Danach lässt er sie unter dem Höhlenbaum fallen, wo sie nur noch aufgelesen werden muss. Der allen Spechten eigene massive Schnabel, mit dem der Buntspecht sogar in der Lage ist, harte Nüsse zu knacken, scheint ihnen diesen Ruf, der im Mittelalter gesichertes Allgemeingut war, eingebracht zu haben. [28]

Wie der Specht zum Wellenflug kam

Der wellenförmige Flug der Spechte wird in einer anderen Sage erklärt. Demnach waren Grünspecht und Wiedehopf am Anfang der Zeit, zu der die Welt noch überwiegend aus Wasser bestand, gemeinsam unterwegs. Der Specht war vom langen Fliegen schon so müde, dass er immer wieder absank, aber der Wiedehopf mit seiner durchdringenden Stimme weckte ihn ein ums andere Mal. So verhinderte er, dass sein Freund abstürzte und ertrank. Als Dank baut der Grünspecht seinem Retter fortan Baumhöhlen, in denen er seine Jungen sicher großziehen kann. Dem Specht blieb der auffällige Flug und dem Wiedehopf der markante Ruf, der ihm zu seinem wissenschaftlichen Namen „*Upupa epops*“ und seiner englischen Bezeichnung „Hoopoe“ verhalf. So gilt der Grünspecht auch in der christlichen Symbolik und Sagenwelt als Schutz und Glücksbringer. [71]

Wiedehopfe kommen nicht nur in Mythen und Bildern häufig mit Spechten zusammen vor, sondern sind auch relativ eng mit den Spechten verwandt. Die Familie der Wiedehopfe gehört zur Ordnung der Hornvogelartigen. Ihr stehen die Ordnungen der Racken- bzw. Spechtvögel am nächsten.

Spechte in Zahlen

Höhlenbau und Gelege [113,33]

Art	Balz				Gelegegröße	Bruthöhlenbau jährlich?	Höhlenbaum
	Mär	Apr	Mai	Jun			
Kleinspecht					5–8	ja	Lbh. v. a. Weichlaub.
Mittelspecht					5–7	nein	Laubbaum
Buntspecht					4–7	meist	v. a. Laubbaum
Blutspecht					4–7	meist	v. a. Weichlaubholz
Weißrückenspecht					3–5	nein	Laubbaum
Dreizehenspecht					3–4	ja	Nadeltotholz
Schwarzspecht					3–5	nein, 3–5 Jahre	90 % Buche
Grauspecht					7–9	meist	Lbh. v. a. Weichlaub
Grünspecht					5–8	nein	Lbh. v. a. Weichlaub
Wendehals					7–14	kein Höhlenbau	Laubbaum

Die Bauzeit liegt bei den meisten Arten bei rund zwei Wochen, mit im Einzelfall deutlichen Abweichungen (± 50 %) nach oben und unten.

*Daten aus Methodenstandards zur Erfassung der Brutvögel Deutschlands und aus dem Handbuch der Vögel Mitteleuropas, Bd. 9.

Brut- und Nestlingszeiten [113,8]

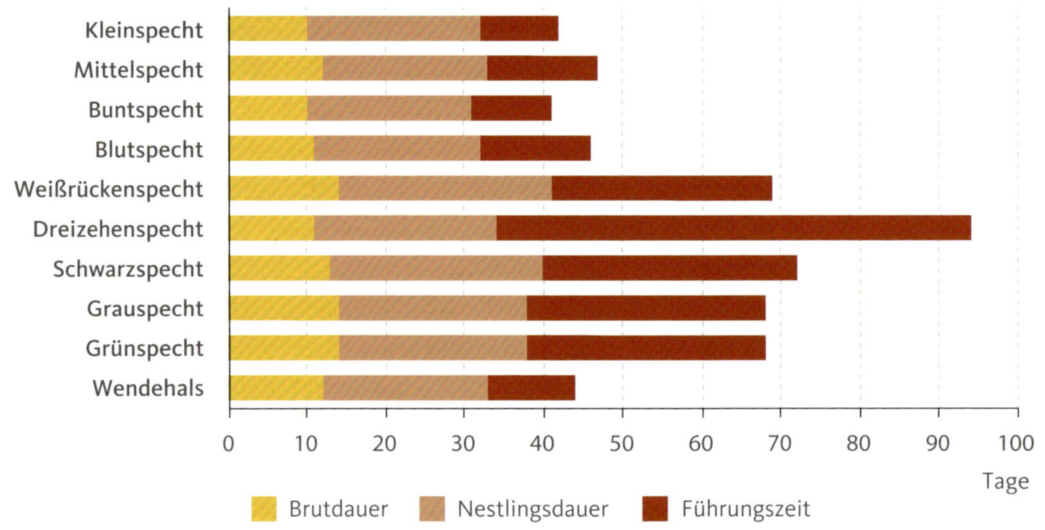

Daten aus Methodenstandards zur Erfassung der Brutvögel Deutschlands und dem Katalog „Hör mal wer da klopft!“, Biologiezentrum des Oberösterreichischen Landesmuseum Linz

Schwarzspechte zerkleinern morsches Holz mit wuchtigen Schnabelhieben, um an darin verborgene Insektenlarven oder aber auch holzbewohnende Ameisen zu gelangen.

Literaturverzeichnis

1 Aulen, C. & Carlson, A. (1990): Demography of a declining White backed Woodpecker population. In: Carlson, A. & Aulen, G.: Conservation and management of woodpecker populations. Proc. Int. Woodpecker Sympos. Swedish Univ. Agric. Sci., Dept. Wildlife Ecology, Report 17. Uppsala.

2 Alder, D. & Marsden, S. (2010). Characteristics of feeding-site selection by breeding Green Woodpeckers Picus viridis in a UK agricultural landscape. Bird study, 57 (1), 100-107.

3 Backhouse, F. (2005): Woodpeckers of North America. Firefly, Ontario.

4 Bauer, H.-G., Bezzel, E. & Fiedler, W. (2005): Das Kompendium der Vögel Mitteleuropas. Nonpasseriformes – Nichtsperlingsvögel. Bd. 1. Aula-Verlag, Wiesbaden.

5 Bergmann, H.-H., Helb, H.-W. & Baumann, S. (2008): Die Stimmen der Vögel Europas. Aula-Verlag, Wiebelsheim.

6 Becker, M. & Jegen, H. (2008): Aufs Gefieder gespechtet. Federmerkmale von Bunt-, Mittel- und Kleinspecht. Falke 55: 210-215.

7 Bezzel, E., Geiersberger, I., Lossow, G., Pfeifer, R. (2005): Brutvögel in Bayern. Ulmer, Stuttgart.

8 Biologiezentrum Linz (2015): Spechte – hör mal wer da klopft. Katalog zur gleichnamigen Ausstellung.

9 Blume, D. & Tiefenbach, J. (1997): Die Buntspechte. Neue Brehm-Bücherei. Westarp Wissenschaften Magdeburg.

10 Blume, D. (1996): Schwarzspecht, Grünspecht, Grauspecht. Neue Brehm-Bücherei. Westarp Wissenschaften, Magdeburg.

11 Bocca, M., Carisio, L., & Rolando, A. (2007). Habitat use, home ranges and census techniques in the Black Woodpecker *Dryocopus martius* in the Alps. Ardea 95 (1): 17-29.

12 Bock, W. J. (1999): Functional and evolutionary morphology of woodpeckers. Ostrich 70: 23-31.

13 Bütler, R., Angelstam, P., Eklund, P. & Schlaepfer, R. (2004): Dead wood treshold values for the tree-toed woodpecker presence in boreal and sub-Alpine forest. Biological Conservation 119: 305-318.

14 Brünner-Garten, K. (1997): Wie viele Spechtbäume gibt es in Wirtschaftswäldern? Forst-Info 21.

15 Bussler, H., Blaschke, M., Dorka, V., Loy, H. & Strätz, C. (2007): Auswirkungen des Rothenbucher Totholz- und Biotopbaumkonzepts auf die Struktur- und Artenvielfalt in Rot-Buchenwäldern. Waldökologie online. 4: 5-58.

16 Dengler, K. (2012): Thesen und Fakten rund um die Spechtringelung. 2 Bände mit CD. Schriftenreihe der Hochschule für Forstwirtschaft, Nr. 23, Rottenburg am Neckar.

17 Deutsche Wildtierstiftung (2004): Der Schwarzspecht – Indikator intakter Waldökosysteme? Tagungsband zum Schwarzspecht-Symposium.

18 del Hoyo, J. Elliott, A. & Sargatal, J. (2002): Handbook of the birds of the world. Vol. 7. Jacamars to Woodpeckers. Lynx Editions. 613 S.

19 Ettwein, A. (2019): Mündliche Mitteilung. 8th Woodpecker Conference. Biolowies. Polen.

20 Fayt, P., Machmer, M. & Steeger, C. (2006): Regulation of spruce bark beetle by woodpeckers – a literature review. Forest Ecology and Management 206 (1): 1-14.

21 Farah, G. Siwek, D. & Cummings, P. (2018): Tau accumulations in the brains of woodpeckers. PLOS one. https://doi.org/10.1371/journal.pone. 0191526

22 Flade, M: (1994): Die Brutvogelgemeinschaften Mittel- und Norddeutschlands – Grundlagen für den Gebrauch vogelkundlicher Daten in der Landschaftsplanung. IHW-Verlag, Eching.

23 Frank, R. (1997): Zur Dynamik der Nutzung von Baumhöhlen durch ihre Erbauer und Folgenutzer am Beispiel des Philosophenwaldes in Gießen an der Lahn. Vogel und Umwelt 9: 59-84.

24 Frank, G. (2002): Population census and ecology of the White-backed woodpecker in the Natura 2000 area "Ötscher-Dürrenstein". In: Pechacek, P. & d'Oleire-Oltmanns, W. (Hrsg.): International Woodpecker Symposium. 49-56.

25 Fritz, H. G. (1998): Erfolgskontrolle in südhessischen Altholzinseln im Forstamt Seeheim-Jugenheim: Teil 1: Die Baumhöhlen- und Strukturkontrolle. Collurio 16: 76-87.

26 Fuchs, J., & Pons, J. M. (2015): A new classification of the Pied Woodpeckers assemblage (Dendropicini, Picidae) based on a comprehensive multi-locus phylogeny. Molecular phylogenetics and evolution, 88, 28-37.

27 Gatter, W. (2000): Vogelzug und Vogelbestände in Mitteleuropa. Aula-Verlag, Wiebelsheim.

28 Gattiker, E & Gattiker, L. (1989): Die Vögel im Volksglauben. Aula-Verlag, Wiesbaden.

29 Gesner, C. (1669): Vollkommenes Vogelbuch. Nachdruck des Originals.

30 Gerl, T., Almer, J., Zahner, V., & Neuhaus, B. J. (2018). Der BISA-Test: Ermittlung der Formenkenntnis von Schülern am Beispiel einheimischer Vogelarten. Zeitschrift für Didaktik der Naturwissenschaften, 24(1), 235-249.

31 Gedeon, K., Grüneberg, C., Mitschke, A., Sudfeldt, C., Eikhorst, W., Fischer, S., Flade, M., Frick, S., Geiersberger, I., Koop, B.,Kramer, M., Krüger, T., Roth, N., Ryslavy, T., Stübing, S., Sudmann, S R., Steffens, R., Vökler, F., Witt, K. & Kramer, M. (2015): Atlas Deutscher Brutvogelarten. Stiftung Vogelmonitoring Deutschland und Dachverband Deutscher Avifaunisten, Münster.

33 Glutz von Blotzheim U. N. & Bauer, K. M. (Hrsg.) (1980): Handbuch der Vögel Mitteleuropas. Bd. 9: Columbiformes-Piciformes. Akadem. Verlagsges., Aula-Verlag, Wiesbaden.

34 Gorman, G. (2004): Woodpeckers of Europe. A Study of the European Picidae. Trowbridge.

35 Gorman, G. (2014): Woodpeckers of the World. Bloomsbury. 528 S.

36 Gorman, G. (2010): The Black Woodpecker. A monograph on Dryocopus martius. Lynx.

37 Grimm, Gebr. (1968): Deutsche Mythologie. Band II.

38 Günther, E. (1992): Zum Ringeln der Spechte im Nordharz (Sachsen-Anhalt). Ornithol. Jber. Mus. Heineanum 10: 55-62.

39 Günther, E. & Hellmann, M. (1991): Zum Vorkommen und zur Nistökologie baumbrütender Mauersegler *Apus apus* im Nordharz. Acta ornithoecologica 3: 261-275.

40 Günther, E. & Hellmann, M. (1995): Die Entwicklung von Höhlen der Buntspechte Picoides in naturnahen Laubwäldern des östlichen Harzes (Sachsen-Anhalt): Ergebnisse mehr als zehnjähriger Untersuchungen zur Nutzung natürlicher Baumhöhlen. Ornithol. Jber. Mus. Heineanum 13: 27-52.

41 Günther, E. & Hellmann, M. (2001): Spechte als „Schlüsselarten" – ein Schlüssel für wen? Abh. Ber. Mus. Heineanum 5, Sonderheft: 7-22.

42 Günther, V. (2005): Untersuchungen zur Ökologie und zur Bioakustik des Schwarzspechtes *(Dryococpus martius)* in zwei Waldgebieten Mecklenburg-Vorpommerns. Abschlussbericht.

43 Hagemeijer, W. J. M. & Blair, M. J. (1997): The EBCC Atlas of European Breeding Birds. Their Distribution and Abundance. T. & A. D. Poyser. London.

44 Hilden, O. (1987): Finnish winter bird census: long term trends in 1956-1984. Acta Oecol. Gener. 8: 157-168.

45 Heinroth, O. & Heinroth, M. (1926): Die Vögel Mitteleuropas. Bermühler Verlag. Bd. 1: Sperlingsvögel-Spechte.

46 Hölzinger, J. & Mahler, U. (2001): Die Vögel Baden-Württembergs Bd. 2.3: Nicht-Singvögel 3, Ulmer, Stuttgart.

47 Hogstad, O. & Stenberg, I. (1997): Breeding success, nestling diet and parental care in the White backed Woodpecker *Dendrocopos leucotos*. J. Ornithol. 138: 25-38.

48 Hondong, H. (2016): Verbessert Nadelholzanbau in den Laubwaldgebieten die Habitatqualität für den Schwarzspecht? Forstarchiv 87: 152-161.

49 Höntsch, K. (2001): Brut- und Schlafhöhlen des Kleinspechts *Picoides minor*. Abh. Ber. Mus. Heineanum 5, Sonderheft: 107-120.

50 Huntley, B., Green, R. E., Collingham, Y. C. & Willis, S. G. (2007): A climatic atlas of European breeding birds. Durham University, RSPB and Lynx Edition.

51 Jackson, J. A. (1979): Tree surfaces as foraging substrates for insectivourous birds. Pages 69-93. In: The Role of Insectivorous Birds in Forest ecosystems. Academic Press. New York.

52 Jarzabek, A. (2005): Baumhöhlen als Schlüssellebensraum für xylobionte Käfer in Buchenwäldern. Dipl. Arb. FH Weihenstephan.

53 Jedicke, E. (1997): Buchen-Altholzinseln als Naturschutz-Instrument im Wald. Avifauna und Habitatstruktur im Vergleich mit Wirtschaftswäldern-Erfolgskontrolle eines Schutzprogramms an Beispielen aus Nordwesthessen. Vogel und Umwelt 9 (1-4): 93-117.

54 Jedicke, E. (1997): Spechte als Zielarten des Naturschutzes: Ökologie und Verbreitung, Eignung als Indikatoren, Methoden der Gefährdungsanalyse. Vogelkdl. H. Edertal 23: 5-43.

55 Jusino, M. A., Lindner, D. L., Banik, M. T., Rose, K. R. & Walters, J. R. (2016): Experimental evidence of a symbiosis between red-cockaded woodpeckers and fungi. Proc. R. Soc. B, 283(1827): 1-7.

56 Kanold, A. & Rohrmann, N. (2007): Einfluss von Totalschutzgebieten auf das Höhlenangebot (Baumhöhlen) im Nationalpark Bayerischer Wald. Dipl. Arb. FH Weihenstephan.

57 Kirby, V. C. (1980): An adaptive modification in the ribs of woodpeckers and piculets (Picidae). Auk 97 (3): 521-532.

58 Kosiński, Z. & Walczak, L. (2018): Does cavity reuse affect timing of reproduction and fledgling success in the Black Woodpecker? J. Ornithol. 159 (4), 1073-1079.

59 Kuhrt, N. & Meichsner, I. (2008): Warum kriegt der Specht kein Kopfweh? Dumont. Köln.

60 Lederer, R. (2007): Amazing Birds. Barrons, New York.

61 Löhrl, H. (1977): Nistökologische und ethologische Anpassungserscheinungen bei Höhlenbrütern. Vogelwarte 29, Sonderh.: 92-101.

62 Martin, K. & Eadie, J. M. (1999): Nest web: a community wide approach to the management and conservation of cavity-nesting forest birds. Forest ecology and Management 115: 243-257.

63 Maumary, L., Vallotton, L. & Knaus, P. (2007): Die Vögel der Schweiz. Schweizerische Vogelwarte, Sempach u. Nos Oiseaux, Montmollin.

64 Meyer, W. & Meyer, B. (2001): Bau und Nutzung von Schwarzspechthöhlen in Thüringen. Abh. Ber. Mus. Heineanum 5, Sonderheft: 23-29.

65 Michalek, K. & Winkler, H. (1997): Hacken und Klettern – ein Leben am Baum. Falke 44: 4-9.

66 Moning, C. & Müller, J. (2008): Environmental key factors and their tresholds for the avifauna of temperate montane forests. Forest ecology and Management 256: 1198-1208.

67 Müller, J. (2005): Waldstrukturen als Steuergröße für Artengemeinschaften in kollinen bis submontanen Buchenwäldern. Diss. TUM.

68 Moning, C. & Wagner, C. (2005): Vögel beobachten in Süddeutschland. Kosmos Naturführer. 247 S.

69 Noeke, G. (1990): Dichte und Eigenschaften natürlicher Baumhöhlen in älteren Buchenbeständen. Forst und Holz 45: 467-470.

70 Noeke, G. (1990): Abhängigkeit der Dichte natürlicher Baumhöhlen von Bestandesalter und Totholzangebot. Naturschutz Zentr. Nordrh.-Westf. Seminarber. 10: 51-53.

71 Österreicher-Mollow (2003): Symbole. Herder Verlag.

72 O'Daniels, S. T., Kesler, D. C., Mihail, J. D., Webb, E. B. & Werner, S. J. (2017). Functional visual sensitivity to ultraviolet wavelengths in the Pileated Woodpecker *(Dryocopus pileatus)*, and its influence on foraging substrate selection. Physiology & Behavior, 174: 144-154.

73 Olkowicz, S., Kocourek, M., Lučan, R. K., Porteš, M., Fitch, W. T., Herculano-Houzel, S., & Němec, P. (2016). Birds have primate-like numbers of neurons in the forebrain. Proc. Natl. Acad. Sci. U.S.A.

74 Pakkala, T., Piiroinen, J., Lakka, J., Tiainen, J., Piha, M. & Kouki, J. (2018). Tree sap as an important seasonal food resource for woodpeckers: the case of the Eurasian three-toed woodpecker *(Picoides tridactylus)* in southern Finland. In: Annales Zoologici Fennici 55, No. 1–3: 79-92.

75 Pasinelli, G. (2000): Oaks (*Quercus* sp.) and only oaks? Relations between habitat structure and home range size of the Middle Spotted Woodpecker. Biol. Conserv. 93: 227-235.

76 Pasinelli, G. (2003): *Dendrocopos medius* Middle Spotted Woodpecker. BWP update, 5(1), 49-99.

77 Pasinelli, G. (2006): Population biology of European woodpecker species: a review. Annales Zoologici Fennici. 43 (2): 96-111.

78 Pechacek, P., Michalek, K., Winkler, H. & Blomquist, D. (2005): Monogamy with exceptions: Social and genetic mating system in a bird species with high paternal investment. Behaviour 142: 8 1099-1120.

79 Pechacek, P. & Kristin, A. (1993): Nahrung der Spechte im Nationalpark Berchtesgaden. Vogelwelt 114 (4): 165-177.

80 Pechacek, P. & Kristin, A. (1997): Zur Ernährung und Nahrungsökologie des Dreizehenspechts *Picoides tridactylis* während der Nestlingsperiode. Ornithol. Beobachter 93: 259-266.

81 Roberge, J. M., Mikusijski, G. & Svensson, S. (2008): The white-backed woodpecker: umbrella species for forest conservation planning? Biodivers. Conserv. 17: 2479–2494.

82 Robles, H. & Ciudad, C. (2012): Influence of habitat quality, population size, patch size, and connectivity on patch? occupancy dynamics of the middle spotted woodpecker. Conserv. Biol. 26 (2), 284-293.

83 Rösch, R. (1983): Ovid, Metamorphosen. München.

84 Rossmanith, E., Hoentsch, K., Blaum, N. & Jeltsch, F. (2007): Reproductive success and nestling diet in lesser spotted woodpecker *(Picoides minor)*: the early bird gets the caterpillar. J. Ornithol. 148: 323-332.

85 Rudat, V., Meyer, W. & Gödecke, M. (1985): Bestandssituation und Schutz von Schwarzspecht *Dryocopus martius* und Rauhfußkauz *Aegolius funereus* in den Wirtschaftswäldern Thüringens. Veröffentlichungen des Museums Gera (Naturw. R.) 11: 66-69.

86 Ruge, K. (1973): Über das Ringeln der Spechte außerhalb der subalpinen Nadelwälder. Ornithol. Beob. 70: 173-179.

87 Ruge, K. (1969): Beobachtungen am Blutspecht *Dendrocopos syriacus* im Burgenland. Vogelwelt 90: 201-233.

88 Ruge, K. (1981): Der Schwarzspecht und seine Verwandten. DBV-Verlag. Kornwestheim.

89 Ruge, K. (1993): Schutz für einheimische Spechtarten. Artenschutzsymposium – Spechte. Beih. Veröff. Naturschutz Landschaftspflege Bad.-Württ. 67: 199-202.

90 Ruge, K. (1993): Europäische Spechte – Ökologie, Verhalten, Bedrohung, Hilfe. Beih. Veröff. Naturschutz Landschaftspflege Bad.-Württ. 67: 13-25.

91 Seifert, B. (2007): Die Ameisen Mittel- und Nordeuropas. Lutra Verlag.

92 Scherzinger, W. (1982): Die Spechte im Nationalpark Bayerischer Wald. Schriftenreihe des Bayerischen Staatsministeriums für Ernährung, Landwirtschaft und Forsten 9.

93 Scherzinger, W. (1996): Naturschutz im Wald: Qualitätsziele einer dynamischen Waldentwicklung, Ulmer Verlag, Stuttgart.

94 Scherzinger, W. (2001): Nicheseperation in European woodpeckers. In: Pechacek, P. & d'Oleire-Oltmanns, W. (Hrsg.): International Woodpeckersymposium. 139-153.

95 Scherzinger, W. & Schumacher, H. (2004): Der Einfluss forstlicher Bewirtschaftungsmaßnahmen auf die Waldvogelwelt – eine Übersicht. Vogelwelt 125: 215-250.

96 Schluckebier, C., (2006): Untersuchungen zu den Habitatansprüchen des Grauspechts *(Picus canus)* und des Schwarzspechts *(Dryocopus martius)* in einem mitteleuropäischen Mischwald. Johann-Friedrich-Blumenbach-Institut für Zoologie und Anthropologie an der Biologischen Fakultät der Georg-August-Universität zu Göttingen.

97 Schmidt, O. & Zahner, V. (1997): Empfehlungen für den Vogelschutz im bayerischen Staatswald. Berichte Bay. LWF.

98 Schmidt, M., Meyer, P., Mölder, A. & Hondong, H. (2016). Neu-oder Wiederausbreitung? Die Arealausweitung des Schwarzspechts in Nordwestdeutschland am Ende des 19. Jahrhunderts und ihre Ursachen. Forstarchiv, 87, 135-151.

99 Schneider, M. (2018): Untersuchung der Lebensraumansprüche des Grauspechts und seiner Verbreitung in Niedersachsen. Diss. Univ. Göttingen. 126 S.

100 Schwaiger, S. & Lauterbach, M. (2019): Verbreitung, Bestandessituation und Habitatansprüche von Dreizehenspecht und Weißrückenspecht in den Bayerischen Alpen. Orn. Anz. 57: 228-224.

101 Sperber, G. (1983): Die Bedeutung alter Wälder für den Biotop- und Artenschutz. Waldhygiene 15: 49-58.

102 Späth, V. & Gerken, B. (1985): Vogelwelt und Waldstruktur. Die Vogelgemeinschaften badischer Rheinauenwälder und ihre Beeinflussung durch die Forstwirtschaft. Ornithol. Jh. Baden-Württ. 1: 7-56.

103 Späth, V. & Plieninger, T. (1996): Forstwirtschaft in Deutschland. Naturschutzbund Deutschland/ Bonn.

104 Sikora, L. G. (1997): Naturschutz und naturnaher Waldbau – Der Schwarzspecht als Beispiel für eine Leitart im Ökosystem Wald. Diplomarbeit, FH Nürtingen, unveröff.

105 Sikora, L. G. (2004): Der Schwarzspecht im östlichen Schurwald. Nat. kdl. Mitt LKr Göppingen, Heft 23.

106 Sikora, L. G. (2007): Die Markierung von Schwarzspecht-Höhlenbäumen im Landkreis Reutlingen. In: Schriftenreihe des Landesamtes für Umwelt, Naturschutz und Geologie Mecklenburg-Vorpommern 2007, Heft 1.

107 Sol, D., Szekely, T., Liker, L. & Lefebvre, L (2007): Big-brained birds survive better in nature. Royal Society of London. 274: 763-769.

108 Spitznagel, A. (1990): The influence of forest management on woodpecker density and habitat use in floodplain forests in the Upper Rhine Valley. In: Carlson, A. & Aulen, G.: Conservation and management of woodpecker populations. Proc. Int. Woodpecker Sympos. Swedish Univ. Agric. Sci., Dept. Wildlife Ecology, Report 17. Uppsala.

109 Spitznagel, A. (1993): Warum sind Spechte schwierig zu erfassende Arten? Beih. Veröff.Naturschutz und Landschaftspflege 67: 91-110.

110 Stummer, S. (2008): Untersuchungen zu Höhlenbäumen und deren Nutzern im Freisinger Forst. Dipl. Arb. FH Weihenstephan.

111 Südbeck, P. & Brandt, T. (2004) Grün- und Grauspecht sind unterschiedlich – manchmal wissen sie es aber nicht. Falke 51: 78-81.

112 Südbeck, P. & Flade, M. (2004): Bestand und Bestandsentwicklung des Mittelspechts *Picoides medius* in Deutschland und seine Bedeutung für den Waldnaturschutz. Vogelwelt 125 (3/4): 319-326.

113 Südbeck, P., Andretzke, H., Fischer, S., Gedeon, K., Schikore, T., Schröder, K. & Sudfeldt, C. (Hrsg.) (2005): Methodenstandards zur Erfassung der Brutvögel Deutschlands. Im Auftrag der Länderarbeitsgemeinschaft der Vogelschutzwarten und des Dachverbandes Deutscher Avifaunisten e. V. (DDA).

114 Utschick, H. (1991): Beziehungen zwischen Totholzreichtum und Vogelwelt in Wirtschaftswäldern. Forstw. Cbl. 110 (2): 135-148.

115 Ülker, E. D., Tavşanoğlu, Ç., & Perktaş, U. (2017): Ecological niche modelling of pedunculate oak *(Quercus robur)* supports the 'expansion–contraction' model of Pleistocene biogeography. Biol. Journal Linnean Society 123 (2): 338-347.

116 Walankiewicz, W., Czeszczewik, D., Mitrus, C., Stanski, T., Jastrzebsky, W. & Michalak, S. (2003): The Great Spotted Woodpecker *Dendrocopos major* as an important robber of flycatcher nests. Tagung AG Spechte DO-G. Brodowin.

117 Weiss, J. (2004): Heimische Spechte und ihr Lebensraum. Falke 51: 68-73.

118 Weiss, J. (2015): Rezension zu: Dengler, K. (2012): Thesen und Fakten rund um die Spechtringelung. Charadrius 51: 53-55.

119 Wember, V. (2005): Die Namen der Vögel Mitteleuropas. Aula-Verlag, Wiebelsheim.

120 Wesołowski, T. (2002): Anti-predator adaptions in nesting Marsh Tits *Parus palustris*: the role of nest-site security. Ibis 144: 593-601.

121 Wesołowski, T. & Wierzcholska S. (2018): Tits as bryologists: patterns of bryophyte use in nests of three species cohabiting a primeval forest.

122 Werner, D. (2012): Lebensraum Totholz. Pala Verlag. 177.

123 Wiebke, K. (2006): A review of adult survival rates in woodpeckers. Annales Zoologici Fennici 43 (2): 112-117.

124 Wiesner, J. (1988): Erhaltung von Altholzkomplexen zum Schutz Höhlen bewohnender Tierarten. Veröff. Mus. Gera: Naturwiss. R. 15: 31-34.

125 Wiesner, J. & Klaus, S. (2018): Middle Spotted Woodpecker *Dendrocopos medius* – an indicator for ecological quality of Central European deciduous forests. Vogelwarte 56: 21-28.

126 Winkler, H., Christie, A. D. & D. Nurney (1995): Woodpeckers. A Guide to the Woodpeckers, Piculets and Wrynecks of the World. Pica Press, Sussex.

[127] Winkler, H. & Winkler, V. (2015): The brains of woodpeckers. In: Winkler, H. (Hrsg.): Developments in Woodpecker Biology (Denisia Band 36). Linz, Biologiezentrum.

[128] Winter, S., Schuhmacher, H., Kerstan, E., Flade, M. & Möller, G. (2003): Messerfurnier kontra Stachelbart? Buchenalthlolz im Spannungsfeld konkurrierender Nutzungsansprüche von Forstwirtschaft und holzbewohnenden Organismen. Forst u. Holz 58: 450-456.

[129] Würdinger, I. (1993): Spechte in Mythen, Sagen und im Brauchtum. Beih. Veröff. Naturschutz Landespflege Bad.-Württ.

[130] Wüst, W. (1986): Avifauna Bavariae. Bd. 1. OG Bayern.

[131] Yom-Tov, T. & Ar, A. (1993): Incubation and fledling duration of Woodpeckers. Condor 95: 282-287.

[132] Yoon, S. H., & Park, S. (2011). A mechanical analysis of woodpecker drumming and its application to shock-absorbing systems. Bioinspiration & Biomimetics 6 (1), 016003.

[133] Zahn, A., Gelhaus, M. & Zahner, V. (2008): Die Wälder der Herreninsel (Chiemsee, Oberbayern) als Jagdhabitate für Fledermäuse. AFJZ 179: 173-179.

[134] Zahner, V. (1993): Höhlenbäume und Forstwirtschaft. AFZ 48: 538-540.

[135] Zahner, V. (1999): Biologische Vielfalt durch Totholz. Zeitgeist oder Notwendigkeit? LWF aktuell 18: 14-17.

[136] Zahner, V. & Loy, H. (2000): Baumbrütende Mauersegler *(Apus apus)* und Eichenwirtschaft im Spessart. Ornithol. Anz. 39: 187-196.

[137] Zahner, V., Sikora, L. & Pasinelli, G. (2012): Heart rot as a key factor for cavity tree selection in the black woodpecker. Forest ecology and Management 271: 98-103.

[138] Zahner, V., Bauer, R. & Kaphegyi, T. A. (2017): Are Black Woodpecker *(Dryocopus martius)* tree cavities in temperate Beech *(Fagus sylvatica)* forests an answer to depredation risk? J. Ornithol. 158 (4): 1073-1079.

[139] Zahner, V., Blaschke, S., Fehr, P., Herlein, S., Krause, K., Lang, B. & Schwab, C. (2008): Vogelarten-Kenntnis von Schülern in Bayern. Vogelwelt 128: 203-214.

[140] Zang, H. (1986): Schwarzspecht. In: Zang, H. & Heckenroth, H. (Hrsg.): Die Vögel Niedersachsens und des Landes Bremens. Tauben bis Spechtvögel. Naturschutz und Landschaftspflege in Niedersachsen/Hannover Sonderreihe B, Heft 2.7: 131-137.

[141] Zawadw, D. (2018): Cavaties in forest ecosystems: formation, distribution, ecological importance and recommendation for protection. Sylwan 162 (2): 509-520.

[142] Zink, R., Rohmer, S., Drovetski, S., Blackwell-Rago, R. & Farrell, S. L. (2002): Holarctic-phylogeography and species limits of Three-toed Woodpeckers. Condor 104: 67-170.

[143] Zostavovotelia, S., Darolova, A. & Kristin, A. (2002): Birds Distribution in Slovakia. Bratislava.

Register

Fettgedruckte Seitenzahlen weisen auf die jeweiligen Artkapitel hin.

Bildnachweis

Die angefügten Buchstaben bezeichnen die Position auf der Seite (o = oben, m = Mitte, u = unten, li = links, re = rechts usw.)

Alle Bilder von Norbert Wimmer mit Ausnahme von:

Aichhorn, A. 33 o
Bodhal, J. 94, 116
Bottai, H. 100 m
Bouwmeester, H. 55 o, 104
Buehler, R. 87 li
Fahl, S. 145
Fedeli, M. 90
Fünfstück, H.-J. 29
Hafiz, A. 102 li
Hauck, P. 26, 27, 102 re
Hennes, R. 89 m, 89 u
Hochstein, J. 91 o
Keats, D. 100 li
Kientz, P. 155
Klaus, S. 108, 109
Knittel, J. 38, 130
Krachan, K. 102 2. v. li
Morozov, V. 103 m
Mraz, L. 117
Muukkonen, T. 119, 123, 137
Nightingale, J. 24
Pantaleón, J. M. 103 2. v. re
Projekt Schwarzspechthöhle 54, 55 u, 58 o li, 59
Ramirez, M. 51
Sikora, L. 48 re u, 68
Simonis, R. 17 u, 120, 121, 124, 127
Süpfle, H. 85
Varesvuo, M. 10
Weiss, J. 69, 111
Wolta, M. 52
Zahner, V. 48 re o, 49, 91u, 95

Tondokumente

Alle Tondokumente von Hans-Heiner Bergmann mit Ausnahme von:

Krey, W. Kleinspecht (Strophen) und Mittelspecht (Quäcken)
Schubert, M. Weißrückenspecht (Rufe), Weißrückenspecht (Trommeln) und Wendehals (Rufe)

Die Autoren

Prof. Dr. **Volker Zahner** arbeitet als Zoologe und Tierökologe an der Fakultät Wald und Forstwirtschaft der Hochschule für angewandte Wissenschaften Weihenstephan. Er ist im „Spechtshardt“ (Spessart) aufgewachsen. Vögel im Allgemeinen und Spechte im Besonderen haben ihn von klein auf fasziniert. Spechte und ihre Rolle im Ökosystem Wald sind daher in Lehre und Forschung für ihn ein wesentliches Thema. Er ist Mitglied mehrerer Wissenschaftlicher Beiräte und Sprecher des Beirats des Landesbundes für Vogelschutz. Er hat – oft in einem Autorenteam – mehrere Bücher zu zoologischen Themen veröffentlicht. 2006 erhielt er den Preis für herausragende Lehre vom Bayerischen Wissenschaftsministerium verliehen.

Norbert Wimmer hat Forstwirtschaft studiert und fotografiert seit seiner Jugend Tiere und Natur mit dem Schwerpunkt Wald. Er war für zwei Jahre als forstlicher Entwicklungshelfer in Ruanda tätig. Bei der Bayerischen Forstverwaltung war er dann 19 Jahre für die Beratung von Privatwaldbesitzern in Oberfranken zuständig. Seit zehn Jahren ist er als Natura-2000-Gebietsbetreuer für die Umsetzung des integrierten Waldnaturschutzes in den Landkreisen Lichtenfels und Coburg verantwortlich. Regelmäßig erkundet er auch die großen Wildnisgebiete Nordeuropas, des Himalayas und Zentralafrikas. Er ist Verfasser mehrerer Bücher und Bildbände und zahlreicher Artikel über die heimische Natur.